"十二五"国家重点图书出版规划项目

材料科学研究与工程技术/新型节能墙体材料系列

《新型节能墙体材料系列》总主编 张巨松

有机保温材料及应用

ORGANIC THERMAL INSULATION MATERIAL AND APPLICATION

刘运学 盛忠章 韩喜林 主编

哈尔滨工业大学出版社
HARBIN INSTITUTE OF TECHNOLOGY PRESS

内 容 提 要

本书为"十二五"国家重点图书出版规划项目《新型节能墙体材料系列》丛书之一。本书共分 8 章,简介了有机保温材料的历史、现状、发展和有机保温材料的制备原理与生产工艺;重点介绍了有机保温材料外墙外保温系统和常用保温材料的性能测试及应用。本书内容密切结合实际,书后附有有机保温材料及应用技术规程一览表、外墙挤塑板保温施工方案实例,以方便读者查阅和参考。

本书内容实用性强,语言通俗易懂,可为从事建筑保温隔热材料选用、施工安装、工程监理、设计及销售的人员提供必备的常用资料。

图书在版编目(CIP)数据

有机保温材料及应用/刘运学,盛忠章,韩喜林主编. —哈尔滨:哈尔滨工业大学出版社,2015.9

ISBN 978 - 7 - 5603 - 5023 - 3

Ⅰ.①有… Ⅱ.①刘…②盛…③韩… Ⅲ.①墙-建筑材料-有机材料-保温材料-高等学校-教材 Ⅳ.①TU5

中国版本图书馆 CIP 数据核字(2014)第 275761 号

材料科学与工程
图书工作室

责任编辑 何波玲
封面设计 卞秉利
出版发行 哈尔滨工业大学出版社
社　　址 哈尔滨市南岗区复华四道街 10 号　邮编 150006
传　　真 0451 - 86414749
网　　址 http://hitpress.hit.edu.cn
印　　刷 哈尔滨市石桥印务有限公司
开　　本 660mm×980mm　1/16　印张 7.5　字数 111 千字
版　　次 2015 年 9 月第 1 版　2015 年 9 月第 1 次印刷
书　　号 ISBN 978 - 7 - 5603 - 5023 - 3
定　　价 38.00 元

(如因印装质量问题影响阅读,我社负责调换)

丛 书 序

人类文明是人从动物界分离后开始的,即人类从洞穴、树木上等进入人造窑洞、房屋等,人类文明的进程在一定程度上可以通过土木工程反映出来,从我国的秦砖汉瓦到 20 世纪末我国在土建工程中取消粘土制品,墙体材料已进入了崭新的时代。

传统墙体材料主要功能是维护与结构,所谓维护即遮风挡雨,实现一个小的人造环境,所谓结构功能就是承受上部、自身的荷载及抵抗大自然的破坏力如地震、风雪等。随着 20 世纪末全球出现了能源、环境危机,在传统维护功能中又独立出来了一个重要功能即节能功能,有的墙体材料是一材多能即一种材料就能够很好地实现维护、结构、节能多种功能,但随着各功能要求越来越高,墙体材料的发展趋势是复合,即具有单一维护、结构、节能功能的材料通过某种方式复合成一种复合墙体材料而实现上述功能。这种复合有两种基本方式:在工厂内复合或在施工现场复合。

经过近些年快速发展,新型节能墙体材料已基本成型,为此本系列丛书试图系统总结新型节能墙体材料发展成果,为行业的后来者迅速成为成手铺路搭桥。

本系列丛书共 10 部:《烧结墙体材料》《工业灰渣及混凝土墙体材料》《纤维增强墙体材料》《蒸压墙体材料》《石膏墙体材料》《有机保温材料及应用》《无机保温材料》《相变节能材料》《真空绝热节能材料》《复合墙体材料》。

本系列丛书内容宽泛,加之作者水平有限,不当之处敬请读者指正!

张巨松

2015 年 3 月

前　言

　　有机保温材料具有质量轻、可加工性好、导热系数低、保温隔热效果好和应用方便等特点，广泛应用于建筑业、运输业、石油化工及家庭装饰等各行各业的保温、隔热和保冷。随着科技的进步，有机保温材料的应用越来越广泛，其在保温材料中的地位也越来越高。

　　本书为《新型节能墙体材料系列》丛书之一，在介绍有机保温材料的制备原理和有机保温材料外墙外保温系统的基础上，重点介绍模塑聚苯板、挤塑聚苯板、硬质聚氨酯泡沫塑料和酚醛树脂泡沫塑料等常用有机保温材料的特点、性能、测试方法和应用，为建筑节能设计、安装、使用人员提供了一本针对性、实用性强，便于查找的工具书。为方便使用，在本书的附录中还列出了与有机保温材料相关的标准名称、标准号以及外墙外保温施工案例。

　　本书在编写过程中参考了与之相关的书籍、科研论文、科普读物以及网上公开发表的文章和评论等，由于所参考的资料较庞杂，在整理和编写过程中，难免会有许多疏漏，恳请广大读者批评指正。

作　者

2015 年 3 月

目　　录

第1章 绪 论

1.1 有机保温材料的历史

有机保温材料是以高分子聚合物为主体原料,在催化剂、发泡剂等化学助剂作用下,通过化学反应或物理反应过程而制成的闭孔保温材料。通常将经化学反应过程制成不可逆的保温材料称为热固性保温材料,而通过物理反应过程制成可逆的保温材料称为热塑性保温材料。

我们常见模塑聚苯乙烯泡沫塑料板(EPS 板,又简称模塑聚苯板)、挤塑聚苯乙烯泡沫塑料板(XPS 板,又简称挤塑聚苯板)和聚乙烯泡沫塑料(PE)为热塑性保温材料;而硬质聚氨酯泡沫塑料(PUR)、酚醛泡沫塑料(PF)和尿素甲醛泡沫塑料(UF,又简称脲醛泡沫)则为热固性保温材料。

有机保温材料具有质量轻、可加工性好、导热系数低、保温隔热效果好和应用方便等特点,但也存在不耐老化、变形系数大、燃烧等级相对低等缺陷。有机保温材料已在各个领域中得到广泛应用,如:石油、化工、电力、食品制药行业,工业设备和管道的隔热保温等;铁路列车、汽车、船舶、飞机等交通运输行业和冷藏的隔热保温,以及吸音和减震材料;建筑行业的写字楼、宾馆、公寓等,民用建筑、公共建筑和工业建筑的屋顶、墙面、集中空调等的保温、门窗密封、吸音、隔音防震材料,以及道路应用;精密仪器包装材料、家庭装饰等轻工业应用以及体育用品、救生用品等。

聚苯板薄抹灰外墙外保温系统是一种常见的外墙保温系统,在法国、瑞典、美国、加拿大等国家已有 30 多年的应用历史。从 20 世纪 80 年代末引入我国,目前已在大中城市形成规模建筑,并取得非常好的社会和经济效益,获得了广泛的推广应用。XPS 板是 20 世纪 60 年代研制成功的一种新型绝热材料,是以聚苯乙烯(PS)树脂为原料的连续性闭孔发泡的硬质泡沫塑料板,具有高抗压、吸水率低、防潮、不透气、质轻、耐腐蚀、不降解、导热系数低等优异性能。XPS 板与 EPS 板相比，其强度、保温、抗水汽渗透等性能有较大提高。我国 XPS 泡沫板生产起步较晚，经过 10 年的发展，我国 XPS 泡沫板行业已经实现了生产设备完全国产化。

聚氨酯(PU)自 20 世纪 30 年代由德国化学家 O. Bayer 发明以来，迅速用于制造泡沫塑料、纤维、弹性体、合成革、涂料、胶黏剂、铺装材料和医用材料等，广泛应用于交通、建筑、轻工、纺织、机电、航空、医疗卫生等领域。在建筑上经常使用的聚氨酯品种有数十种，主要类型有：聚氨酯硬泡、软泡、防水材料、铺装材料、聚氨酯黏合剂、聚氨酯涂料、聚氨酯密封胶等。1943 年，美国洛克希德航空公司(Lockheed Aircraft Co.)和古德伊尔航空公司(Goodyear Aircraft Co.)与杜邦(Dupont)公司、孟山都(Mosado)公司共同研制了硬质聚氨酯泡沫塑料，首先开始用作飞机夹芯结构材料。20 世纪 40 年代末，随着甲苯二异氰酸酯(TDI)的工业化生产，TDI 与聚酯多元醇成为硬质聚氨酯泡沫塑料的基本原料。最初以一步法生产硬质聚氨酯泡沫塑料，但这很难控制发泡过程中大量热量的释放，因此多以二步法(预聚体)成型，使硬质聚氨酯泡沫塑料在技术上取得突破性进展，并在 20 世纪 60 年代大规模应用。

历史上，酚醛泡沫的研制技术虽在聚氨酯硬泡之后，但早在 1940 年，德国首先将其应用在飞机上作为保温隔热层。在 1970 年前，几乎各国对酚醛泡沫研制和应用都没有太大进展，主要是经济原因和不能有效地利用酚醛泡沫的最大特点，即耐温性、难燃性、低发烟性和耐火焰穿透性。1970 年后，北美、西欧一些国家对其进行深入研究，苏联、美国以及日本等国，将酚醛泡沫作为建筑隔热保温的主体材料。20 世纪 80 年代，英国、美国、苏联、日本和韩国等国，已经具有连续层压酚醛泡沫保温板材生产技术，其中苏联还开发了现场喷涂酚醛泡沫的施工技术。我国从 20 世纪 90 年代初开始研究酚醛泡沫技术，但早期生产的酚醛泡沫存在酸性大、脆性大、残存甲醛味大和闭孔率低等缺点，应用受到一定限制。经过多年努力，酚醛泡沫生产技术逐步提高，酚醛泡沫性能也逐渐得到改善。目前，我国酚醛泡沫板材的生产技术已达到工业化生产水平，无论是间歇式生产技术，还是连续式生产技术都比较成熟，各项技术性能指标达到或接近国际先进水平。特别是近年我国建筑业的节能率和建筑保温防火等级逐渐提高后，酚醛泡沫在建筑业应用得到高度重视，应用市场逐渐扩大，已广泛应用于各类公共建筑和住宅建筑的节能工程中。

1933年德国一家公司首次开发研究"脲醛泡沫塑料",经过5年的研究于1938年研发成功,1940年后,由联邦德国的巴斯夫公司投产了"脲醛泡沫塑料"。1958年我国开始工业化试生产,初期产品吸水率高,脆性大,主要用于种植业,近年在建筑围护结构保温应用技术研发已有较大进展。

1.2　有机保温材料的现状

有机保温材料主要有两大应用领域,一是建筑维护结构的隔热保温领域,国外发达国家的建筑保温材料用量占保温材料总量的75%~80%,我国建筑保温材料的用量所占比例正逐年增长;二是工业冷热设备、窑炉、管道、交通工具隔热保温。

20世纪60年代,外墙外保温技术在欧洲发源,70年代石油危机以后得到重视和发展。外墙外保温技术在许多国家得到了长足的发展,尤以欧洲的体系比较领先。外墙外保温系统在欧洲的应用,最初是为了弥补墙体裂缝。通过实际应用后发现,当把泡沫塑料板粘贴到建筑墙面以后,不但有效地遮蔽墙体出现的裂缝等问题,又解决了保温问题,还减薄了对力学要求来说过于富足的墙体厚度,减少了土建成本。目前,在欧洲国家广泛应用的外墙外保温系统主要为外贴保温板薄抹灰方式,有阻燃型的膨胀聚苯板和不燃型的岩棉板两种保温材料,均以涂料为外饰层。20世纪70年代,美国根据本国的具体气候条件和建筑体系特点对外墙外保温技术进行了改进和发展。至90年代末,其平均年增长率达到了20%~25%。

欧美在近40余年的应用历史中,对外墙外保温系统进行了大量的基础研究,如薄抹灰外墙外保温系统的耐久性的问题;在寒冷地区中的露点问题;不同类型的系统在不同冲击荷载下的反应;试验室的测试结果与实际工程中性能的相关性等。经过多年的理论研究和工程实践,欧美国家的外墙外保温系统已形成健全的、系统的规范标准体系,如欧盟标准《带有饰面层的外墙外保温系统》(EOTAE-TAG 004)、《膨胀聚苯乙烯外墙外保温复合系统规范》(PrEN13499)、《用于外墙外保温的塑料锚栓技术规程》(EO-TAETAG)、奥地利标准《膨胀聚苯乙烯泡沫塑料与面层组成的外墙组合绝热系统》(B6110)、美国标准《外墙外保温及饰面系统的验收规范》(ICBOAC24)等。此外,还有与上述标准配套使用的相关组成材料的性能标准和试验方法标准几十个。一批从事外保温技术的龙头企业,如美国专威特、德国巴斯夫、德国申得欧和美国泰富龙等,掌握最先进的外保温技术并在外保温市场中占据相当大的份额。

20世纪80年代中期,国外的外保温企业到我国推广外墙外保温技术。我国冶金建筑研究总院、北京建筑设计研究院等单位在国内最早进行了外保温试点工程,取得了明显的节能效果。

20世纪90年代初期,在建设部推动下,国内一些科研单位及企业开发了多种外保温技术,涌现了多种采用不同材料、不同做法的外墙外保温系统,在一些省市的多项工程中取得了成功应用,并且正在认真地解决裂缝、空鼓等质量问题。

21世纪以来,在短短的5～6年内,国家和地方相继出台了大批外墙外保温技术标准,如《外墙外保温工程技术规程》(JGJ 144)、《夏热冬冷地区居住建筑节能设计标准》(JGJ 134)、《民用建筑节能设计标准(采暖居住建筑部分)》(JGJ 26)、《既有采暖居住建筑节能改造技术规程》(JGJ 129)、《采暖居住建筑节能检验标准》(JGJ 132)等国家标准,《外墙外保温专用砂浆技术要求》(上海地方标准)(DDB 31/T366)、《北京市外墙外保温施工技术规程》(DBJ/T 01)、《江苏省节能工程现场热 工性能检测》(DGJ 32/J23)、《夏热冬冷地区居住建筑节能设计标准杭州地区实施细则》(CJS03)、《福建省居住建筑节能工程施工技术规程》(DBJ 13)等地方性标准。这些标准或规程,规范了外墙外保温技术和市场,有利于我国外保温技术在短时间内实现跨越式发展。

目前,国内外墙外保温发展势头强劲,美国专威特、德国Sto、意大利罗马等一批外保温企业的品牌公司已进入国内市场,促进了中国外墙外保温市场的日益繁荣。

1.3 有机保温材料的发展

目前,我国是世界上最大的建筑市场,保有建筑面积400亿m^2,每年新增建筑量20亿m^2,而在新建筑中95%以上是高能耗建筑。初期以EPS板为代表的有机保温材料因其质轻、致密性高、保温隔热性好等特点一直以来都是主流的建筑保温材料,其中 EPS 板和 XPS 板在建筑保温材料市场的占有率更超过 80%。

随着国家对建筑外保温材料防火性能和节能率要求的提高,促进有机保温材料合成技术进步,不仅技术性能达到国家相关标准的要求,而且保温板材生产类型、施工方法都有创新,如先后开发出复合保温板、饰面复合保温板和防火保温装饰一体化板,引领有机建筑保温行业稳步向前发展。

据有关资料报导,欧美等发达国家建筑保温材料中约有 49% 采用 PUR 材料,但在我国目前还不到 10%。按照中国的建筑市场每年新增建筑面积 20 亿 m^2,按 65% 节能标准计算,年需 PUR 保温材料为 100 万 t/a。对 400 亿 m^2 建筑能耗既有建筑每年也以 20 亿 m^2 节能改造计算,每年也需 100 万 t/a PUR 保温材料。由此可见我国的建筑节能将给我国 PUR 市场带来巨大市场空间。

为改善 PUR 的耐热性和阻燃性,在 PUR 分子链引进阻火聚醚或阻火元素,即采用结构反应型进行改性,解决添加阻燃剂不达标的不足,也可采用异氰酸酯 MDI 的三聚体改性制备性能优异的聚异氰脲酸酯泡沫塑料(PIR)。PIR 同 PUR 相比,PIR 的耐热性更高,可以在 140 ℃环境中长期使用,阻燃等级可以达到 B1 级,耐低温性能更优。所以聚异氰脲酸酯泡沫塑料 PIR 是一种理想的有机绝热材料,具有导热系数小、耐候性强,既可预制成型,也可现场浇注成型。PIR 广泛应用于炼油厂、化工厂等管道的深冷绝热工程和建筑业绝热保温以及集中供热供水管道的保温工程等。

建筑外保温材料的应用在建筑节能中发挥重要作用。其中,硬泡聚氨酯、聚苯乙烯泡沫、酚醛树脂泡沫等有机保温材料在建筑外保温领域更具有独特的优势:第一,有机保温材料的导热系数低,保温效果好;第二,有机保温材料企业众多,产量大,能满足我国建筑市场的需要;第三,有机保温材料具有安装简单、机械性能好等优点。

根据建设部建筑节能的总体目标:到 2010 年全国城镇新建建筑实现节能 50%,对既有建筑进行的节能改造大城市完成 25%,中等城市完成 15%,小城市完成 10%。现在新建筑要求节能率 65%,其中上海、北京和天津已要求节能率达到 75%。建筑节能已成为影响我国能源可持续发展战略决策的关键因素,也是我国持久的不可动摇的国策。目前,国家和地方相关法规并未明确禁止 EPS、XPS、PUR 等有机材料的使用。《建筑材料燃烧性能分级方法等级标准》（GB 8624—2012），虽然提高了外墙保温材料的阻燃性指标，仅指出有机保温材料使用时存在安全隐患，需要防护措施。2009 年的央视大楼大火，促使《民用建筑外保温系统及外墙装饰防火暂行规定》发布执行。该规定提高了建筑保温材料的防火性能要求，对非幕墙类中的居住建筑：高度大于等于 100 m 的，其保温材料的燃烧性能应为 A 级；高度大于等于 60 m 小于 100 m的，保温材料燃烧性能不应低于 B2 级，如果使用 B2 级材料，每层必须设置水平防火隔离带。对非幕墙类中的其他民用建筑，高度大于等于 50 m 的，其保温材料的燃烧性能应为 A 级；高度大于等于 24 m 小于 50 m 的，保温材料燃烧性能应为 A 级或 B1 级，如果使用 B1 级材料，每 2 层应设置水平防火隔离带。

在技术层面，我国对室内装修和建筑防火已经有明确的标准规范要求。必须保证材料满足相关标准规范要求，在此基础上加强施工阶段和日常使用过程中的消防安全管理，加强安全施工技能培训，杜绝违章违法行为。针对相关管理规范和制度，要严格落实执行。

1.4　各种有机保温材料的特点

1.4.1　模塑聚苯乙烯泡沫塑料（EPS）板

模塑聚苯乙烯泡沫塑料（EPS）板具有以下特点：

①自身质量轻，且具有一定的抗压、抗拉强度，靠自身强度能支承抹面保护层，不需要拉接件，可避免形成热桥。

②EPS 板密度为 30 ~ 50 kg/m³，导热系数值最小；在平均温度 10 ℃，密度为 20 kg/m³时，导热系数为 0.033 ~ 0.036 W/(m·K)；密度小于 15 kg/m³时，导热系数随密度的减小而急剧增大；密度为 15 ~ 22 kg/m³ 的 EPS 板适合做外保温。

③用于外墙和屋面保温时，一般不会产生明显的受潮问题。但当 EPS 板一侧长期处于高温高湿环境，另一侧处于低温环境并且被透水蒸气性不好的材料封闭时；或当屋面防水层失效后，EPS 板可能严重受潮，从而导致其保温性能严重降低。

④用于冷库、空调等低温管道保温时,必须在 EPS 板外表面设置隔气层。

1.4.2　挤塑聚苯乙烯泡沫塑料（XPS）板

挤塑聚苯乙烯泡沫塑料（XPS）板具有以下特点:

①XPS 板具有特有的微细闭孔蜂窝状结构,与 EPS 板相比,具有密度大、压缩性能高、导热系数小、吸水率低、水蒸气渗透系数小等特点。在长期高湿度或浸水环境下,XPS 板仍能保持其优良的保温性能,在各种常用保温材料中,是目前唯一能在 70% 相对湿度下两年后热阻保留率仍在 80% 以上的保温材料。

②由于 XPS 板长期吸水率低,特别适用于倒置式屋面和空调风管。

③具有很好的耐冻融性能及较好的抗压缩蠕变性能。

1.4.3　硬质聚氨酯泡沫塑料（PUR）板

硬质聚氨酯泡沫塑料（PUR）板具有以下特点:

①使用温度高,一般可达 100 ℃,添加耐温辅料后,使用温度可达 120 ℃。

②硬质聚氨酯泡沫塑料中发泡剂会因扩散作用不断与环境中的空气进行置换,致使导热系数随时间而逐渐增大。为了克服这一缺点,可采用压型钢板等不透气材料做面层将其密封,以限制或减缓这种置换作用。

③现场喷涂聚氨酯泡沫塑料使用温度高,压缩性能高,施工简便,较 EPS 板更适于屋面保温。

④用于管道(尤其是地下直埋管道)和屋面保温时,应采取可靠的防水、防潮措施。同时应考虑导热系数会随时间而增大,尽量采用密封材料作保护层。

⑤由于使用温度较高,多用于供暖管道保温。

⑥发烟温度低,遇火时产生大量浓烟与有毒气体,不宜用作内保温材料。

⑦虽然吸水率较低,但作为保温材料,不能兼做防水材料。

1.4.4　聚乙烯泡沫塑料（PE）板

聚乙烯泡沫塑料(PE)板具有以下特点:

①几乎不吸水(吸水率小于 0.002 g/cm^3)和几乎不透水蒸气,长期在潮

湿环境下使用不会受潮,因而导热系数能够保持不变(EPS、PUR、PF 等无法与之相比),并且为软质泡沫塑料,具有很好的柔韧性。

②保温性能好,导热系数介于聚苯乙烯与聚氨酯之间。

③耐老化性能优,耐热老化性能优于聚苯乙烯,耐候性优于聚氨酯。

④压缩性能较差,受压状态下使用时存在压缩蠕变。

⑤适用于低温管道和空调风管。

1.4.5 酚醛泡沫塑料(PF)板

酚醛泡沫塑料(PF)板具有以下特点:

①各项性能和价格与聚氨酯相当,只是压缩性能较低;但是由于它的耐温性和防火性能远远优于硬泡聚氨酯,所以特别适用于高温管道和对防火要求严格的场合。

②耐热性、阻燃性远远优于聚氨酯及其他泡沫塑料,长期使用温度可高达200 ℃,允许间歇温度高达 250 ℃。

③PF 氧指数高达 50%,烟密度等级(SDR)为 4,在空气中不燃,不熔融滴落。按 GB 9978—90 进行耐火试验时,试件无明显变形,无窜火现象。

1.4.6 尿素甲醛现浇泡沫塑料(UF)板

尿素甲醛现浇泡沫塑料(UF)板具有以下特点:

①耐老化、耐霉菌,干燥后对金属不腐蚀。

②适用于夹心墙体和空心砌块填充保温。

③硬化过程中有水分释放,故其外围材料应有良好的透水蒸气性,以使硬化泡沫充分干燥。如果应用空间长期处于潮湿状态,或者材料不是用于保温而是保冷,则应对潮湿问题特别加以考虑。

④在干燥过程中收缩较大(干燥收缩率不大于 4%),材料中有可能产生裂缝,而且在材料与空间的接触面处容易产生松脱现象。

常用有机保温材料的性能比较见表 1.1。按现行国家标准《建筑材料及制品燃烧性能分级》(GB 8624—2012)标准规定,建筑材料及制品的燃烧性能等级见表 1.2。几种常用有机泡沫防火安全性比较见表 1.3。

表1.1 常用有机保温材料的性能比较

保温材料	燃烧等级(最高氧指数/%)	导热系数/[W·(m·K)⁻¹]	表观密度/(kg·m⁻³)	耐化学溶剂	最高使用温度/℃	遇火特征
PF 板	>B1(50)	≤0.030	45~65	好	150	碳化、极低烟、不变形
PUR(PIR)板	≤B1(30)	≤0.025	40~55	好	100	碳化、毒烟、不变形
XPS 板	≤B1(30)	≤0.030	32~35	极差	70	熔滴、完全变成空腔
EPS 板(石墨EPS板)	≤B1(30)	≤0.041(0.032)	18~22	极差	70	熔滴、完全变成空腔

表1.2 建筑材料及制品的燃烧性能等级

燃烧性能等级		名　　称
A	A1	不燃材料(制品)
	A2	
B1	B	难燃材料(制品)
	C	
B2	D	可燃材料(制品)
	E	
B3	F	易燃材料(制品)

表 1.3　几种常用有机泡沫防火安全比较

泡沫名称	燃烧级别	火灾反应性	热力学特性
模塑聚苯乙烯(EPS)	B3	极易燃烧	热塑性泡沫,遇火时熔化滴落燃烧,易造成火灾蔓延
	B2	不易燃,火灾时蔓延	
	B1	具有较好阻燃性,火灾时连续燃烧	
挤塑聚苯乙烯(XPS)	B3	极易燃烧	
	B2	有一定阻燃性,火灾时连续燃烧,产生蔓延	
硬质聚氨酯(PUR)	B3	易燃	热固性泡沫,未加阻燃剂,不能形成碳化层
	B2	较好阻燃,离火自熄,不产生滴熔物,不蔓延	热固性泡沫,遇火时快速碳化,形成阻燃层,避免连续燃烧
	B1	难燃,不产生明火焰,仅碳化、焦化	
硬质酚醛(PF)	B1	难燃,碳化、焦化,可做消防材料	

第2章 有机保温材料的制备原理及生产工艺

2.1 有机保温材料的制备及成型机理

泡沫塑料是以合成树脂为原料,通过加入发泡剂等,使其发生化学放热反应,并释放出大量气体,以形成内部具有开孔(或闭孔)结构泡沫塑料制品。

泡沫塑料成型方法多种多样,成型机理比较复杂。塑料的发泡成型过程一般都要经过三个阶段,即形成气泡核、气泡的膨胀和泡体的固化定型。每个阶段的成型机理不同,主要影响参数也不同。气泡核的形成阶段对泡体中泡孔密度和分布情况起着决定性的作用,因此是控制泡体性能和质量的关键阶段。气泡的膨胀阶段和气泡核的形成阶段紧密相连,特别对低发泡体,其膨胀阶段极短,因此很难将其分开,但对高发泡的泡体,情况就不同了,影响成核过程的参数与影响膨胀过程的参数在主次顺序上存在较大差异。例如,气体在高聚物中的扩散速度对成核阶段影响不大,但对膨胀阶段影响极大,特别在膨胀的后期,它是控制气泡膨胀速度的主要参数,要制取高发泡塑料必须有效地控制气体在高聚物中的扩散速度,此外泡体的几何形状和结构,如泡孔的大小、开闭孔、泡孔的形状和分布都是由膨胀阶段的条件决定的。膨胀能否达到预期的要求,与泡体的固化过程密切相关,膨胀的结果能否巩固,直接取决于泡体的固化速度。影响泡体固化速度的因素很多,而温度起主导作用。必须了解温度对膨胀与固化的双重影响,才能制定出发泡、成型和定型过程适宜的温度条件。由于发泡成型各个阶段存在不同的机理和要求,因此在研究分析发泡成型机理和影响因素时必须分段进行,找出最佳条件,再进一步分析相互间的关系,进行综合考虑,才能制定成型和定型的最佳方案。下面对各个发泡阶段的机理及其影响因素进行分析。

2.1.1 气泡核的形成机理

所谓气泡核是指高聚物泡体中的大量原始微泡,即气体在高聚物中最初以气相聚集的地方。对不同的高聚物,其聚集的过程也不同,根据形成机理把发泡成核过程归纳为以下三种类型。

1. 气液相混合直接形成气泡核

此类气泡核的形成过程是通过气液相直接混合而成的。气体和树脂溶液在经过充分混合后,除部分气体溶解入树脂溶液,其余部分气体以气相分散聚集在液体中即形成气泡核。

热固性泡沫塑料大多采用此法进行发泡成型过程。以脲甲醛泡沫塑料为例,其成型过程如下:将空气与刚配置好的脲甲醛树脂溶液(即原材料的混合液)一起通入打泡机中进行混合,打泡机中设有高速搅拌器和特制的气液混合装置,使通入的空气被分散成大量的气泡均布在溶液中。打泡机中的溶液,一方面进行气液相的混合过程,另一方面进行缩聚过程,使溶液黏弹性逐步增加,并逐渐失去流动性使泡体固化定型。打泡机中含有大量气泡的树脂溶液,在没有固化前即进行浇铸成型,在铸模中泡体进行成型和固化定型过程。从以上过程可以看出,泡核的形成是气液相直接混合的结果。这种方法的成核效果取决于气液相混合的力度和树脂溶液缩聚反应的速度。因为树脂溶液的缩聚反应程度决定溶液的黏弹性,具有一定黏弹性的溶液才能包住分散的气相,因此在制定原材料配方和成型条件时必须注意控制缩聚反应的速度,使树脂溶液在成型定型过程中能适时包住分散成泡的气相,同时又能使泡体继续膨胀并及时固化定型,而这些主要影响因素目前大多凭经验控制,缺少理论计算的依据。聚氨酯泡沫塑料成型也用此法成核。不同的是它的成核气体不是用直接通入的空气,而是用低沸点液体和反应中产生的 CO_2 为发泡剂。原材料(包括发泡剂)先在混合装置强烈混合均匀,使发泡剂产生的气体被黏弹性逐渐上升的反应树脂溶液包围而形成大量气泡核,由于发泡剂含有低沸点液体,因此气泡核能继续膨胀形成发泡倍数大的泡体。

2. 利用高聚物分子中的自由体积为成核点

高聚物分子中存在自由体积,不同的高聚物具有不同的自由体积。将发泡剂压送入高聚物的自由体积中,再通过升温降压的方法,使自由体积中的发泡剂汽化膨胀形成气泡核。

聚苯乙烯(PS)即采用此法制成可发性聚苯乙烯(EPS)。用低沸点液体如丁烷、戊烷等在加压条件下渗入 PS 的微粒中,然后再在常压下加热,使 PS

树脂软化、低沸点液体汽化,微粒膨胀即得到 EPS 颗粒料。EPS 是 PS 高发泡模制品的原材料,PE 也可以用此法制成可发性聚乙烯(EPE),但应用不及 EPS 广。20 世纪 80 年代中期出现的微孔塑料也是采用此类成核机理形成气泡核的。所谓微孔塑料是指泡体的气泡直径为 1 ~ 10 μm、泡孔密度为 10^9 ~ 10^{12} 个/cm^3 的新型高分子泡沫材料。此类材料最初在美国麻省理工学院实验室里制成的,他们将 CO_2 在 3 ~ 7 MPa 压力下渗入低于 T_g 温度的 PS 或聚碳酸脂 PC 中,然后卸压加温即得到微孔泡体。微孔泡沫塑料除具有泡沫塑料的各种特性外,由于其泡孔极小,使高聚物中原有的微隙圆化,因此,力学性能明显优于一般泡沫塑料。PS 微孔塑料的冲击强度比不发泡的 PS 可提高 6 ~ 7 倍,微孔 PC 的疲劳寿命比不发泡的提高 4 ~ 17 倍。有人指出微孔塑料将成为 21 世纪的新型材料。现在国外正在加紧研究如何用挤出法成型微孔塑料,以提高微孔泡沫塑料的生产率。但由于对高聚物分子中的自由体积的各种性能参数认识不够,因此只能凭经验进行控制。

3. 利用高聚物熔体中的低势能点为气泡成核点

热点成核是在 20 世纪 60 年代末,70 年代初,通过大量实验论证提出来的。其要点是在塑料熔体中必须同时存在大量均布的热点和过饱和气体,才能在熔体中形成大量气泡核。CB. Park 等人用物理发泡剂、化学发泡剂分别进行了验证性实验,指出当熔体中出现热点,此点的熔体表面张力和熔体黏度都下降,气体在熔体中的溶解度也发生变化,使熔体中存在的过饱和气体容易从此点离析出来而形成气泡核。

此成核机理与上述两种机理最大的不同主要有两点:第一,在熔体中的气体首先要溶解在熔体中,然后通过降压或升温,使气体在熔体中形成极不稳定的过饱和气体;第二,在熔体中要存在适宜成核的热点,使过饱和气体能从此点离析出来形成气泡核。目前在发泡成型中常常采用加成核剂的方法,这是利用成核剂与熔体间的界面形成大量的低势能点作为成核点。此类成核机理与热点成核机理,广义上讲可以归纳为一类。热点能成核,是因为聚合物分子中热点处的势能低,因此不稳定的过饱和气体容易由此处析出,而加成核剂改变了成核剂与聚合物熔体界面间的能量,使过饱和气体容易由此离析而形成气泡核。总的讲,按此机理,在聚合物熔体中要形成大量气泡核必须有两个条件,一个是足够量的过饱和气体,另一个是在熔体中存在大量的低势能点。

熔体中的低势能点是可以通过各种途径来得到的,因此这个机理的应用面很宽,很有开发前景。

以上三种成核机理都有各自适用的范围。第一种适用于热固性塑料;第二种适用于分子中具有较大自由体积,并有相应发泡剂能渗入的高聚物,采用此法较多的是 PS、PE,其他如 PC、PVC 和 PET(聚对苯二甲酸乙二醇酯)均已用此法制成微孔泡沫塑料;第三种适用范围很广,因为人们可以通过各种途径改变气体在溶体中的过饱和能量和溶体中各点的势能,因此可以挖掘的潜力很大。

2.1.2 气泡的膨胀机理

气泡的膨胀阶段紧接在气泡核的形成之后,很难分开,还未见有明确的分界定义。气泡膨胀的后期,聚合物熔体的温度逐渐下降,黏性逐渐上升,随后固化,所以膨胀阶段与固化阶段也是很难断然分隔的。它们都是相互关联的,但这并不妨碍分别研究各段机理及其影响因素,因为各段的机理和主要影响条件存在明显的不同。气泡的膨胀程度主要受泡体的黏弹性和膨胀力控制,黏弹性取决于原材料的性能和所处的工艺条件,而膨胀力主要受气泡内压和高聚物中的气体分子向气泡内扩散速度的控制,扩散速度快,泡体膨胀的速度也快,另一方面,高的扩散速度并不一定能得到高发泡倍数的泡体,因为泡体的发泡倍数除了受气体扩散速度控制外,还受泡体材料的物性参数和流变性能的影响。因此要得到高发泡倍数的泡体,材料要有适宜的黏弹性,足够的拉伸强度,膨胀速度要与材料的松弛速度相适应。此外泡体的结构形状也主要取决于膨胀阶段的条件。大多数泡体的泡孔属于闭孔结构,如图 2.1(a)所示。当膨胀速度过快或材料的收缩速率过大时,就容易得到开孔泡体,如图 2.1(b)所示。如果皮层温度低芯部温度高,或皮层受压而芯部减压,结果就可能得到结构泡体(即皮层不发泡或少发泡,芯部发泡的泡体),如图 2.1(c)所示。膨胀阶段假如在外力(拉伸或剪切)作用下进行,泡孔将沿外力方向延伸,结果得到各向异性的泡体。

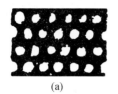 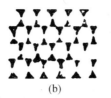 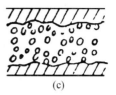

(a)　　　　　　　(b)　　　　　　　(c)

图 2.1　泡孔结构

2.1.3　泡体固化定型机理

塑料泡体的固化过程主要由基体树脂的黏弹性控制,树脂的黏弹性逐渐上升使泡体逐渐失去流动性而固化定型。热固性塑料的固化机理与热塑性的不同,热固性塑料的发泡过程是与树脂的反应过程同时并进的,树脂溶液的黏弹性由树脂的反应程度控制,反应结束,泡体的固化过程也就结束,因此要控制固化速度就必须控制树脂的反应速度,而反应速度与材料配方有关,与所处工艺条件有关。热塑性泡沫塑料的固化过程是纯物理的过程,主要由树脂温度控制其黏弹性。一般都采用冷却的方法使塑料熔体的黏度上升,直到固化定型,而热固化塑料为加速固化反应,有时还要加热。此外开始固化的时机和固化速度都是影响泡体膨胀效果的重要参数,过早或过迟开始固化,固化速度太慢都不利于提高膨胀的效果,因为气液相并存一般是处在不稳定状态,气泡不及时固化定型就容易合并或塌陷,影响发泡倍数,但表层冷却固化速度太快,内部冷却速度跟不上,结果表层树脂收缩太快,容易使泡体的表皮产生裂纹,也会影响泡体的质量。因此固化速度要控制适宜。

2.2　有机保温材料的生产工艺

各种有机保温材料的生产工艺尽管不同,各有各的特点,但发泡方法无外乎采用机械发泡、物理发泡与化学发泡三种中的一种。机械发泡是采用强烈的机械搅拌树脂的乳液、悬浊液或溶液,使产生泡沫,然后使之凝胶、稠合或固化,从而得到泡沫塑料。物理发泡是采用低沸点的烷烃(即发泡剂),通过加热或反应热使得发泡剂在泡沫成型过程中溢出形成闭孔结构。化学发泡是通过加入一种能够参与体系反应并能生成气体的物质(即发泡剂)在泡沫成长的过程中溢出形成闭孔结构。因此有机保温材料的生产工艺基本上可分为原材料的预处理、发泡、成型(通过改变模具的形状可以制得不同形状、不同规格的制品)、熟化(目的是使成型制品性能达到最佳)和后处理等几个阶段。

2.2.1 PS泡沫塑料生产工艺

PS泡沫塑料有两种生产形式,第一种是可发性PS泡沫塑料(EPS)。这种泡沫塑料一般是用悬浮聚合珠状PS树脂生产的。对于该类泡沫塑料,当密度为 0.015 ~ 0.020 g/cm^3 时,可作为包装材料;当密度为 0.02 ~ 0.05 g/cm^3 时,可作为防水隔热材料;当密度为 0.03 ~ 0.10 g/cm^3 时,可作为救生圈芯材积浮标。第二种是高相对分子质量的PS泡沫塑料,这种泡沫塑料是用乳液聚合的粉状PS树脂生产的。本书只介绍第一种生产方式。

1. EPS泡沫塑料的物理发泡工艺

EPS泡沫塑料的生产包括EPS珠粒的制备、预发泡和熟化3个步骤。EPS珠粒的制备方法有一步法、一步半法和二步法。3种方法所得到的可发性PS珠粒的相对分子质量存在差异,二步法最高,一步法最低,一步半法居中。EPS珠粒是在树脂生产厂家生产。对于生产EPS保温板的厂家可直接从EPS珠粒树脂生产厂家订购某一型号的树脂即可,不需要自己生产EPS珠粒。预发泡是指加热使EPS珠粒膨胀到一定程度,以使成型制品的密度更小。预发泡的方式有间歇法和连续法两种。预发泡的加热方法有水蒸气、热水、热空气和红外线4种方式,其中以水蒸气加热方式应用最为广泛。采用水蒸气加热预发泡时,发泡剂汽化,使得EPS珠粒膨胀,形成互不连通的气孔,同时水蒸气也大量渗透到泡孔中,增加了泡孔的总压力。此时,发泡剂汽化的气体也要从泡孔中逸出一部分。两方面综合平衡的结果:水蒸气渗透到泡孔内的速度远远大于发泡剂汽化的气体从泡孔内向外逃逸的速度。这样,使得EPS珠粒实际生产中的发泡倍数(50倍)比理论发泡倍数(26倍)要大得多。

EPS珠粒预膨胀物的熟化是指经预发泡后膨胀的珠粒在空气中一定温度条件下暴露一段时间。熟化的目的是让空气渗透到预膨胀物中去,以便成型时能进一步膨胀。当制品的密度小于 0.065 g/cm^3 时,预聚物珠粒必须熟化;当制品的密度大于 0.065 g/cm^3 时,预聚物珠粒可以不熟化。

2. EPS泡沫塑料模压发泡工艺

EPS泡沫塑料模压发泡工艺为:预热、合模、加料、加热、冷却、脱模。加热蒸汽通过气室(模板)进入模腔,使模腔内的发泡珠粒膨胀黏结为一体,然后进行冷却,脱模取出制品。这种生产方法操作方便,生产周期短,批量大,泡沫塑料制品质量好。EPS泡沫塑料模压成型生产工艺流程如图2.2所示。

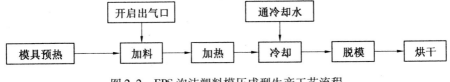

图2.2 EPS泡沫塑料模压成型生产工艺流程

EPS泡沫塑料板材模压成型时的操作技术参数如下:

加热蒸汽压力为0.1 MPa;加热时间为35~40 s;流水冷却时间为420~480 s。制品密度为0.02~0.025 g/cm³。模压成型时,使用的蒸汽压最好偏高些,约为294 kPa(温度为110~135 ℃),如果压力不足,会造成制品表面和中心层的密度不一致的缺陷。

2.2.2 硬质聚氨酯泡沫塑料生产工艺

聚氨酯硬泡一般为室温发泡,成型工艺比较简单,按施工机械化程度可分为手工发泡和机械发泡;根据发泡时的压力可分为高压发泡和低压发泡;按成型方式可分为浇注发泡和喷涂发泡。浇注发泡按具体应用领域及制品形状又可分为块状发泡、模塑发泡、保温壳体浇注等;根据发泡体系可分为HCFC发泡体系、戊烷发泡体系和水发泡体系等,不同的发泡体系对设备的要求不同;按是否连续化生产可分为间歇法和连续法,间歇法适合于小批量生产,连续法适合于大规模生产,采用流水线生产方法,效率高;按操作步骤中是否需预聚可分为一步法和预聚法(或半预聚法)。

1. 手工发泡和机械发泡

在不具备发泡机,模具数量少和泡沫制品的需要量不大时可采用手工浇注的方法成型。手工发泡劳动生产率低、原料利用率低,有不少原料黏附在容器壁上,成品率也较低。开发新配方以及生产之前对原料体系进行例行检测和配方调试,一般需先在实验室进行小试,即进行手工发泡试验。生产中,这种方法只适用于小规模现场临时施工,生产少量不定型产品或制作一些泡沫塑料样品。

手工发泡大致分为以下几步:

①确定配方,计算制品的体积,根据密度计算用料量,根据制品总用料量一般要求过量5%~15%。

②清理模具,涂脱模剂,模具预热。

③称料、搅拌混合、浇注、熟化、脱模。

手工浇注的混合步骤为:将各种原料精确称量后,将多元醇及助剂预混合,多元醇预混物及多异氰酸酯分别置于不同的容器中。然后将这些原料混合均匀,立即注入模具或需要充填泡沫塑料的空间中去,经化学反应并发泡后即得到泡沫塑料。

我国一些中小型工厂中手工发泡仍占有重要的地位。手工浇注也是机械浇注的基础,但在批量大、模具多的情况下手工浇注是不合适的。如果批量生产、规模化施工,一般采用发泡机机械化操作,效率高。

2. 一步法和两步法

硬质聚氨酯泡沫塑料可采用一步法与两步法生产。所谓一步法,就是将各种原料进行混合后直接发泡成型。而两步法是将全部或部分多元醇与异氰酸酯先反应生成含有一定量游离异氰酸酯基团预聚体,然后再与其他添加剂一起发泡,生成泡沫塑料。两步法又分为预聚体法和半预聚体法,两者差别在于异氰酸酯和多元醇的比例不同。为了生产的方便,目前不少厂家把聚醚多元醇或(及)其他多元醇、催化剂、泡沫稳定剂、发泡剂等原料预混在一起,将之称为"白料"。使用时与粗MDI(俗称"黑料")以双组分形式混合发泡,仍属于"一步法",因为在混合发泡之前没有发生化学反应。早期的聚氨酯硬泡采用预聚体法生产,这是因为当时所用的多异氰酸酯原料为甲苯二异氰酸酯(TDI-80),由于TDI黏度小,与多元醇的黏度不匹配,TDI在高温下挥发性大,且与多元醇、水等反应放热量大,若用一步法生产操作困难,故当时多用预聚体法。若把全部TDI和多元醇反应,制得的端异氰酸酯基预聚体黏度很高,使用不便。硬泡生产中所指的预聚体法实际上是"半预聚体法",即首先将TDI与部分多元醇反应,制成的预聚体中NCO的质量分数一般为20%~25%。由于TDI大大过量,预聚体的黏度较低。预聚体再和聚酯或聚醚多元醇、发泡剂、表面活性剂、催化剂等混合,经过发泡反应而制得硬质泡沫塑料。预聚体法优点是:发泡缓和,泡沫中心温度低,适合于模制品;缺点是:步骤复杂,物料流动性差,对薄壁制品及形状复杂的制品不适用。自从聚合MDI开发成功后,TDI 已基本上不再用作硬质泡沫塑料的原料,一步法随之取代了预聚体法。一步法和预聚体法的生产工艺流程如图 2.3、2.4 所示。

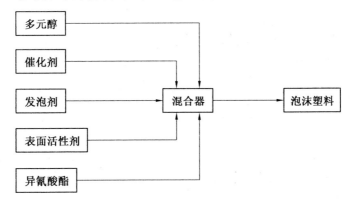

图 2.3 一步法生产工艺流程

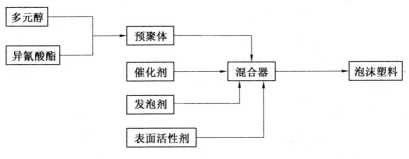

图 2.4 预聚体法生产工艺流程

3. 浇注成型工艺

浇注发泡是聚氨酯硬泡常用的成型方法,即将各种原料混合均匀后,注入模具或制件的空腔内发泡成型。聚氨酯硬泡的浇注成型可采用手工发泡或机械发泡,机械发泡可采用间歇法及连续法发泡方式。机械浇注发泡的原理和手工发泡的相似,差别在于手工发泡是将各种原料依次称入容器中,搅拌混合,而机械浇注发泡则是由计量泵按配方比例连续将原料输入发泡机的混合室快速混合。硬泡浇注方式适用于生产块状硬泡、硬泡模塑制品、在制件的空腔内填充泡沫以及其他的现场浇注泡沫。

块状硬质泡沫塑料指尺寸较大的硬泡块坯,切割后制成一定形状的制品。

在生产块状硬质泡沫塑料时,原料中可加入一定量的固体粉状或糊状填料。反应物料的理论加料量按模具体积和所需泡沫塑料密度计算,实际加料量要比理论加料量多3%～5%。如果在模具顶端装有一定质量的浮动盖板,当浇注料开始发泡并形成泡沫,在其上升过程中就会受到浮动盖板限制,使得泡沫塑料的结构更为均匀,各向异性程度减小,此发泡方法称为受限发泡;如果发泡过程中不受浮动盖板限制,则称为自由发泡,即在没有顶盖的箱体内发泡(箱式发泡),泡沫密度由配方决定。箱式发泡的生产过程为:首先将多元醇、发泡剂和催化剂等原料精确计量后置于一容器中预混合均匀,然后加入异氰酸酯立即充分混合均匀。将混合均匀的上述原料在其还具有良好流动性时应迅速注入模具中,经化学反应并发泡成型。箱式块状发泡工艺的优点是:投资少、灵活性大、一个模具每小时一般可生产两块硬泡;缺点是:原料损耗大、劳动生产率低。

模塑硬质泡沫塑料一般指在模具中直接浇注成型的硬泡制品,即发泡是在有一定强度的密闭模具(如密闭的箱体)内发泡,密度由配方用量和设定的模具体积来决定。它一般用于生产一些小型硬泡制品,如整皮硬泡、结构硬泡等。模塑发泡的模具要求能承受一定的模内压力,原料的过填充量根据要求的密度及整皮质量而定。

小体积(体积小于 0.5 m^3,厚度不大于 10 cm)聚氨酯硬泡生产配方及工艺目前已经成熟,国内普遍采用。大体积块状硬泡发泡工艺难度较大,国内生产厂家少。在大体积聚氨酯硬泡生产中,应注意防止泡沫内部产生的热量积聚而引起烧芯。一般需控制原料中的水分,尽量采用物理发泡剂以吸收反应热,降低发泡原料的料温。大体积块状泡沫一般需用发泡机混合与浇注物料,高、低压发泡机均可。机械发泡,发泡料的乳白时间远比搅拌式混合的短。因此生产大块泡沫塑料,最好选用大输出量发泡机。

4. 聚氨酯硬泡喷涂成型

聚氨酯硬泡喷涂发泡成型是将双组分组合料迅速混合后直接喷射到物件表面而发泡成型。喷涂是聚氨酯硬泡一种重要的施工方法,可用于冷库、粮库、住宅及厂房屋顶、墙体、贮罐等领域的保温层施工,应用已逐渐普及。喷涂发泡成型的优点是:不需要模具,无论是在水平面还是垂直面、顶面,无论是在形状简单的物体表面或者还是复杂的表面,都可通过喷涂方法形成硬质聚氨酯泡沫塑料保温层,劳动生产率高。喷涂发泡所得的硬质聚氨酯泡沫塑料无接缝、绝热效果好,兼具一定的防水功能。

一般按喷涂设备压力分为低压喷涂和高压喷涂。高压喷涂发泡按提供压力的介质种类又分为气压型和液压型高压喷涂工艺。低压喷涂发泡是靠柱塞泵将聚氨酯泡沫组合料"白料"(即组合聚醚)、"黑料"(即聚合 MDI)这两种原料从原料桶内抽出并输送到喷枪枪嘴,然后靠压缩空气将黑白两种原料从喷枪嘴中吹出的同时使之混合发泡。低压喷涂发泡的缺点是:原材料损耗大,污染环境;黑白两种原料容易互串而造成枪嘴、管道堵塞,每次停机都要手工清洗枪嘴;另外压缩空气压力不稳定,混合效果时好时坏,影响发泡质量,喷涂表面不光滑。但低压喷涂发泡设备价格较高压机低。

低压喷涂发泡施工一般先开空气压缩机,调节空气压力和流量到所需值,然后开动计量泵开始喷涂施工,枪口与被喷涂面距离 300 ~ 500 mm,以流量 1 ~ 2 kg/min,喷枪移动速度 0.5 ~ 0.8 s/m 为宜。喷涂结束时先停泵,再停压缩空气,拆喷枪,用溶剂清洗。

高压喷涂发泡,物料在空间很小的混合室内高速撞击并剧烈旋转剪切,混合非常充分。高速运动的物料在喷枪口形成细雾状液滴,均匀地喷射到物件表面。高压型喷涂发泡设备与低压型喷涂发泡设备相比,具有压力波动小、喷涂雾化效果好、原料浪费少、污染小、喷枪自清洁等一系列优点。目前国内高压喷涂设备主要来自美国 Glas-Craft 公司、Graco 公司、Gusmer 等公司。进口的高压喷涂机有的带可控加热器,可把黑白料加热(最高达 70 ℃)。为了方便施工,在主加热器与喷枪之间配备长管。为防止两个发泡料组分在流经长管道时冷却降温,长管外面包有保温层,内有温度补偿加热器,以保证黑料、白料达到设定的温度。选择合适的喷涂发泡设备,是控制硬质聚氨酯喷涂泡沫平整度及泡沫质量的关键之一。高压喷涂发泡效果明显优于低压喷涂发泡。

2.2.3 酚醛泡沫塑料生产工艺

生产酚醛泡沫塑料的主要原料有酚醛树脂、发泡剂、固化剂和表面活性剂等。如需改性,还可以加入改性剂。先将酚醛树脂、发泡剂、表面活性剂和改性剂混合均匀,然后加入固化剂并迅速搅拌均匀后,倒入涂有脱模剂的模具中。混合液在模具中发生化学反应,混合液体积膨胀形成泡沫并逐渐固化成型。将固化成型的泡沫从模具中取出,按要求尺寸进行切割即得酚醛泡沫塑料制品。生产中如需加快反应速度、提高生产效率,还可事先将酚醛树脂和模具预热到 30~40 ℃。酚醛泡沫塑料生产工艺流程如图 2.5 所示。

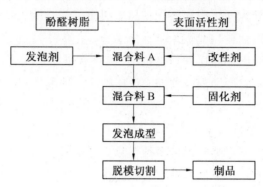

图 2.5　酚醛泡沫塑料生产工艺流程

酚醛泡沫塑料板主要用于建筑外围护保温系统和中央空调送风系统。为提高板材的抗压强度,通常制成酚醛泡沫塑料夹芯板。酚醛泡沫塑料夹芯板生产线是生产上下面层为铝箔或无纺布、纸等软面材料,中间夹层为酚醛泡沫的夹芯板材专用设备,夹芯板厚度为 20~100 mm,宽度为 1 200 mm,长度自由设定。

其生产线工作原理是酚醛泡沫原液经浇注机计量泵以一定比例送入混合头,混合均匀后浇注在下层面材上,和上层面材一道输送到层压机,在层压输送机上下链板间发泡固化成型,固化成型后的夹芯板材经两侧修边后自动切断成一定长度的产品。其工艺流程如图 2.6 所示。

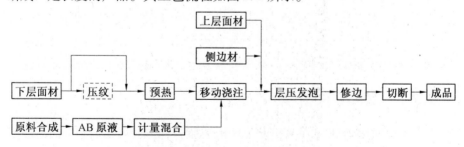

图 2.6　酚醛泡沫夹芯板生产工艺流程

2.2.4 脲醛泡沫塑料生产工艺

脲醛泡沫塑料大多采用机械发泡法制造。它是借助强烈机械搅拌作用将空气卷入树脂的乳液、悬浮液或溶液中,使其成为均匀的泡沫物,而后再经物理或化学变化使之稳定成为泡沫塑料。其生产过程分树脂制备、发泡液配制、鼓泡与泡沫物固化 4 道工序。

第3章 有机保温材料外墙外保温系统

3.1 简 介

外墙外保温顾名思义是一种把保温层放置在主体墙材外面的保温做法，因其可以减轻冷桥的影响，同时保护主体墙材不受多大的温度变形应力，是目前应用最广泛的保温做法，也是国家大力倡导的保温做法。外墙外保温系统（External Thermal Insulation System），由保温层、保护层和固定材料（胶黏剂、锚固件等）构成并且适用于安装在外墙外表面的非承重保温构造总称。主要外墙外保温系统种类有：

①EPS 板薄抹灰外墙外保温系统。

②EPS 板现浇混凝土外墙外保温系统（无网现浇系统）。

③EPS 钢丝网架板现浇混凝土外墙外保温系统（有网现浇系统）。

④机械固定 EPS 钢丝网架板外墙外保温系统（机械固定系统）。

⑤喷涂硬泡聚氨酯外墙外保温系统。

⑥保温装饰一体化外墙外保温系统。

⑦面砖饰面保温系统。

3.2 材 料

3.2.1 黏结砂浆

黏结砂浆是由水泥、石英砂、聚合物胶结料配以多种添加剂经机械混合均匀而成的。它主要用于黏结保温板的黏结剂，亦被称为聚合物保温板黏结砂浆。

其主要特点有：

①同基层墙体和聚苯板等保温板均有较强的黏结作用。

②耐水、耐冻融、耐老化性能好。

③施工方便,是一种非常安全可靠的保温系统黏结材料。

④施工中不滑坠。

⑤具有优良的耐候、抗冲击和防裂性能。

黏结砂浆的主要考核指标是黏结强度和可操作时间。黏结强度要求:原强度≥1.0 MPa,耐水≥0.8 MPa,耐冻融≥0.5 MPa。可操作时间要求大于等于2.0 h。

3.2.2　抹面砂浆

抹面砂浆由水泥基或其他无机胶凝材料、高分子聚合物和填料等材料组成,薄抹在粘贴好的保温板外表面,用以保证薄抹灰外保温系统的机械强度和耐久性。抹面砂浆的性能与所用原材料的种类及配比有关。配方中的高分子聚合物主要起到增韧作用,可提高抹面砂浆的抗裂性。抹面砂浆要求与基层(即保温板)的黏结强度高,抗裂性好,耐水、耐碱、耐冻融性好。如常温常压与苯板的拉伸黏结强度大于等于0.1 MPa,破坏类型为内聚破坏(苯板破坏)。

3.2.3　耐碱玻璃纤维网格布

耐碱玻璃纤维网格布是以中碱或无碱玻璃纤维机织物为基础,经耐碱涂层处理而成。它具有强度高、黏结性好、服帖性、定位性极佳,广泛应用于墙体增强,外墙保温,屋面防水等方面,还可应用于水泥、塑料、沥青、大理石、马赛克等墙体材料的增强,是建筑行业理想的工程材料。在外墙外保温体系中,它与抹面胶浆一起共同组成外墙外保温体系的防护面层,抵抗自然界温度、湿度变化及意外撞击所引起的面层开裂。其主要性能指标要求:单位面积质量≥160 g/m²;断裂强力(经、纬向)≥120 N/50 mm;耐碱强力保留率(经、纬向)≥90%;断裂伸长率(纬向)≤5%;涂塑量≥20 g/m²。

3.2.4　热镀锌钢丝网

镀锌钢丝网分为热镀锌钢丝网和冷镀锌钢丝网两种。镀锌钢丝网是选用优质低碳钢丝,通过精密的自动化机械技术电焊加工制成,网面平整,结构坚固,整体性强,即使镀锌钢丝网的局部裁截或局部承受压力也不致发生松动现象,钢丝网成型后进行镀锌(热镀)耐腐蚀性好,具有一般钢丝网不具备的优点,广泛应用于工业、农业、建筑、运输、采矿等行业。

热镀锌钢丝网主要用于一般建筑外墙、浇注混凝土、高层住宅等,在保温系统中起重要的结构作用。在施工时钢丝网所形成抗裂砂浆防护层可与保温材料形成的保温层一起形成外墙保温系统,有效地保护住宅的围护结构,使外界的温度变化、雨水侵蚀对建筑物的破坏大大降低,从而解决了屋面渗水、墙体开裂等顽症,延长了建筑物的寿命,也降低了维修费用。在整体性、保温性、耐久性和抗震性能方面有相当高的优越性,节能效果良好。

3.2.5 锚栓

锚栓由膨胀件和膨胀套管(或仅由膨胀套管)组成,依靠膨胀产生的摩擦力或机械锁定用于连接保温系统与基层墙体的机械固定件。在外墙外保温板材安装中,为达到系统更安全,根据保温板材质或饰面类型等,常采用多种类型外墙保温锚固件、金属托架(或角钢金属托架)或连接件等措施来辅助加强。锚栓结构示意图如图 3.1 所示。

膨胀套管
防锈金属圆盘
膨胀件

图 3.1 锚栓结构示意图

锚栓的分类方法如下:

(1)按照锚固用途分类

按照锚固用途分为用于固定保温材料的,膨胀套管带有圆盘的锚栓;用于固定外保温系统托架或其他预制保温单元部件的,膨胀套管不带圆盘而带有凸缘的锚栓(简称托架锚栓,如图3.2所示)。

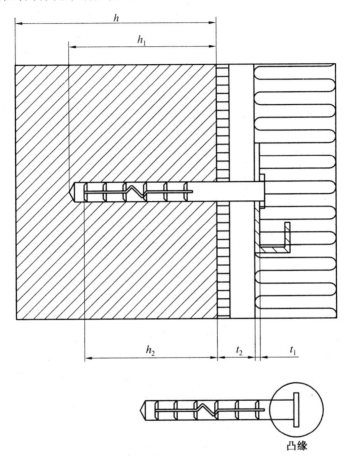

图3.2　托架锚栓

(2)按照锚栓安装方式分类

按照锚栓安装方式分为旋入式锚栓(代号 X)和敲击式锚栓(代号 Q)。

(3)按照锚栓的承载机理分类

按照锚栓的承载机理分为仅能通过摩擦承载的锚栓(代号 M),以及能够通过摩擦和机械锁定承载的锚栓(代号 J)。

(4)按照锚栓适用的基层墙体分类

类别 A:用于基层墙体为普通混凝土中的锚栓。

类别 B：用于基层墙体为实心砌体，包括烧结普通砖、蒸压灰砂砖、蒸压粉煤灰砖砌体以及轻骨料混凝土中的锚栓。

类别 C：用于基层墙体为空心或多孔砖砌体，包括烧结多孔砖、蒸压灰砂空心砖砌体中的锚栓。

类别 D：用于基层墙体为空心砌块，包括普通混凝土小型空心砌块、轻集料混凝土小型空心砌块和烧结空心砖和空心砌块中的锚栓。

类别 E：用于基层墙体为蒸压加气混凝土中的塑料锚栓。

3.2.6　涂料

外墙保温涂料主要分两大类：一类是厚质涂料，利用降低热传递的阻隔原理，例如胶粉聚苯颗粒保温、无机玻化微珠保温等，效果明显；另一类是薄层涂料，利用减少太阳光吸收的原理减少外界太阳能量的侵入。太阳光可以分为紫外线、可见光和红外线。太阳辐射热通过向阳面，特别是东、西向窗户和外墙以及屋面进入室内，从而造成室内过热。因此这些部位也是建筑物夏季隔热的关键部位。

作为外墙外保温系统的饰面涂料，其涂膜必须具有一定的抗裂性和一定的断裂伸长率，同时具有较好的耐温变性和耐候性，才能起到应有的装饰和保护作用。外墙外保温系统涂料外饰面中涂层应具有一定的柔性变形能力，以缓和从面层及基层传递过来的应力变形影响，起到良好的防裂作用。因此，外墙外保温饰面涂料其性能除应符合国家及行业相关标准外，还应满足表 3.1 列出的抗裂性要求。

表 3.1　外墙外保温饰面涂料抗裂性能指标

项　　目	指　　标
抗裂性（平涂用涂料）	断裂伸长率≥150%
抗裂性（连续性复层建筑涂料）	主涂层的断裂伸长率≥100%
抗裂性（浮雕类非连续性复层建筑涂料）	主涂层初期干燥抗裂性满足要求

3.2.7　面砖、面砖黏结砂浆及面砖勾缝料

贴在建筑物表面的瓷砖统称为面砖。面砖是用难熔粘土压制成型后焙烧

而成的,通常做成矩形,尺寸有 100 mm×100 mm×10 mm 和 150 mm×150 mm× 10 mm 等。它具有质地坚实、强度高、吸水率低(小于 4%)等特点,一般为浅黄色,用作外墙饰面。

面砖黏结砂浆是以优质石英砂、水泥为骨料,选用聚合物可再分散胶粉配以多种添加剂均混而成的粉状黏结材料。该砂浆具有一定的柔韧性,可安全释放一定程度的交变负荷(内外应力),从根本上解决建筑装饰装修中存在的开裂、空鼓、脱落以及渗漏等弊病。加水搅拌即可使用。

勾缝剂是采用优质石英砂、水泥、乳胶粉和无机颜料均混而成的水泥基嵌缝材料。它具有良好的黏结性、柔韧性,可以提高饰面的耐老化性能和长期的耐久性。

3.2.8　柔性饰面砖

柔性饰面砖是以经过特殊阻燃处理的防水聚合物砂浆为基材,高性能弹性纤维为抗裂胎体,改性无机材料为饰面层,经自动化生产线加工而成的新型内外墙饰面产品。它具有质轻、防水、防火、高柔韧性等特点,特别适用于高层建筑,是传统硬质面砖的极佳替代品。

图 3.3 为柔性饰面砖及施工后效果图。

(a)柔性饰面砖　　　　　　　　　(b)施工后效果图

图 3.3　柔性饰面砖及施工后效果图

3.3　构　　造

3.3.1　一般构造

1. 膨胀聚苯板薄抹灰外墙外保温系统

膨胀聚苯板薄抹灰外墙外保温系统主要由胶黏剂(黏结砂浆)、EPS 保温板、抹面胶浆(抗裂砂浆)、耐碱玻璃纤维网格布以及饰面材料(耐水腻子、涂料等)构成,施工时可利用锚栓辅助固定。膨胀聚苯板薄抹灰外墙外保温系统构造如图 3.4 所示。

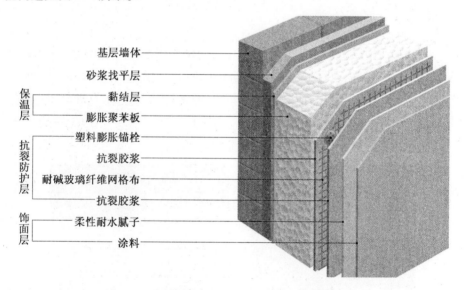

图 3.4　膨胀聚苯板薄抹灰外墙外保温系统构造

(1)技术要点

①EPS 板宽度不宜大于 1 200 mm,高度不宜大于 600 mm。

②EPS 板薄抹灰系统的基层表面应清洁,无油污、脱模剂等妨碍黏结的附着物。凸起、空鼓和疏松部位应剔除并找平。找平层应与墙体黏结牢固,不得有脱层、空鼓、裂缝,面层不得有粉化、起皮、爆灰等现象。

③粘贴 EPS 板时,应将胶黏剂涂在 EPS 板背面,涂胶黏剂面积不得小于

EPS 板面积的 40% 。

④EPS 板应按顺砌方式粘贴,竖缝应逐行错缝。EPS 板应粘贴牢固,不得有松动和空鼓。

⑤墙角处 EPS 板应交错互锁。门窗洞口四角处 EPS 板不得拼接,应采用整块 EPS 板切割成形,EPS 板接缝应离开角部至少 200 mm。

⑥作为膨胀聚苯板薄抹灰外墙外保温系统技术的延伸发展,近年来以 XPS 板作为保温层的 XPS 板薄抹灰外墙外保温系统,也在工程中得到了大量应用,并且在瓷砖饰面系统用量较大。其构造如图 3.5 所示。

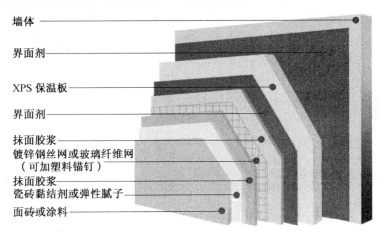

图 3.5 XPS 板薄抹灰外墙外保温系统构造

(2)XPS 板同 EPS 板优缺点比较

①优点:导热系数小、压缩强度高、耐水效果好。

②缺点:弹性模量大、易翘曲变形、表面光滑、黏结性差、透气性差。

所以对于 XPS 板薄抹灰外墙外保温系统的使用一定要有严格的质量控制措施,如严格控制陈化时间、严禁用再生料生产 XPS 板、XPS 板双面要喷刷界面剂等。

2.EPS 板现浇混凝土外墙外保温系统(无网现浇系统)

①特点:以现浇混凝土外墙作为基层,EPS 板为保温层。EPS 板内表面(与现浇混凝土接触的表面)沿水平方向开有矩形齿槽,内、外表面均满涂界面砂浆。

②施工时将 EPS 板置于外模板内侧,并安装锚栓作为辅助固定件。浇灌

混凝土后,墙体与 EPS 板及锚栓结合为一体。EPS 板表面抹抗裂砂浆薄抹面层,薄抹面层中满铺玻璃纤维网,外表以涂料为饰面层。其构造如图 3.6 所示。

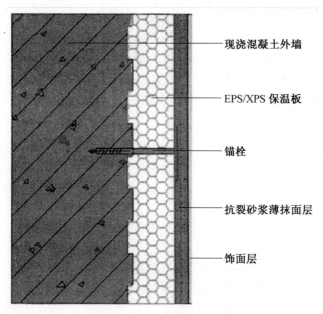

图 3.6 　EPS 板现浇混凝土外墙外保温系统(无网现浇系统)构造

③无网现浇系统 EPS 板两面必须预喷刷界面砂浆。

④锚栓每平方米宜设 2 ~ 3 个。

⑤水平抗裂分隔缝宜按楼层设置。垂直抗裂分隔缝宜按墙面面积设置,在板式建筑中不宜大于 30 m², 在塔式建筑中可视具体情况而定,宜留在阴角部位。

⑥应采用钢制大模板施工。

⑦混凝土一次浇筑高度不宜大于 1 m,混凝土需振捣密实均匀,墙面及接茬处应光滑、平整。

⑧混凝土浇筑后,EPS 板表面局部不平整处宜抹胶粉 EPS 颗粒保温浆料修补和找平,修补和找平处厚度不得大于 10 mm。

3. EPS 钢丝网架板现浇混凝土外墙外保温系统(有网现浇系统)

①特点:以现浇混凝土外墙作为基层,EPS 单面钢丝网架板置于外模板内

侧,并安装 $\phi 6$ 钢筋作为辅助固定件。浇灌混凝土后, EPS 单面钢丝网架板挑头钢丝和 $\phi 6$ 钢筋与混凝土结合为一体。EPS 单面钢丝网架板表面抹掺外加剂的水泥砂浆形成抗裂砂浆厚抹面层,外表做饰面层。

　　②以涂料为饰面层时,应加抹玻璃纤维网抗裂砂浆薄抹面层。其构造如图 3.7 所示。

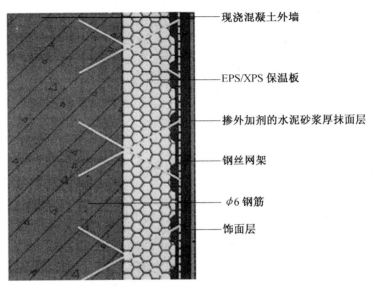

图 3.7　EPS 钢丝网架板现浇混凝土外墙外保温系统(有网现浇系统)构造

　　③EPS 单面钢丝网架板每平方米斜插腹丝不得超过 200 根,斜插腹丝应为镀锌钢丝,板两面应预喷刷界面砂浆。

　　④有网现浇系统 EPS 钢丝网架板厚度、每平方米腹丝数量和表面荷载值应通过试验确定。EPS 钢丝网架板构造设计和施工安装应考虑现浇混凝土侧压力影响,抹面层厚度应均匀,钢丝网应完全包覆于抹面层中。

　　⑤$\phi 6$ 钢筋每平方米宜设 4 根,锚固深度不得小于 100 mm。

　　⑥混凝土一次浇筑高度不宜大于 1 m,混凝土需振捣密实均匀,墙面及接茬处应光滑、平整。

　　⑦EPS 钢丝网架板现浇混凝土外墙外保温系统(有网现浇系统)的保温层:EPS 单面钢丝网架板应是腹丝穿透型的,即通常所说的 SB_2 板,如图 3.8 所示。

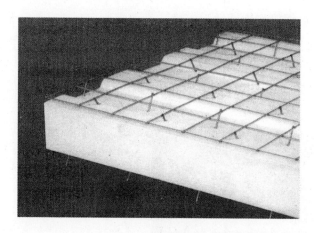

图 3.8 SB$_2$ 保温板

4. 机械固定 EPS 钢丝网架板外墙外保温系统 (机械固定系统)

①机械固定系统由机械固定装置、腹丝非穿透型 EPS 钢丝网架板 (SB$_1$ 板)、抹掺外加剂的水泥砂浆形成抗裂砂浆厚抹面层和饰面层构成。

②以涂料为饰面层时,应加抹玻璃纤维网抗裂砂浆薄抹面层。

③机械固定系统不适用于加气混凝土和轻集料混凝土基层。其构造如图 3.9 所示。

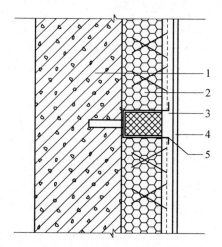

图 3.9 机械固定 EPS 钢丝网架板外墙外保温系统 (机械固定系统) 构造

1—基墙;2— EPS 钢丝网架板;3—抹掺外加剂的水泥砂浆形成抗
裂砂浆厚抹面层;4—饰面层;5—机械固定装置

5.喷涂硬泡聚氨酯外墙外保温系统

喷涂硬泡聚氨酯外墙外保温系统采用现场发泡、现场喷涂的方式,将硬泡聚氨酯(PU)喷于外墙外侧,一般由基层、防潮底漆层、现场喷涂硬泡聚氨酯保温层、专用聚氨酯界面剂层、抗裂砂浆层和饰面层构成。其构造如图 3.10 所示。

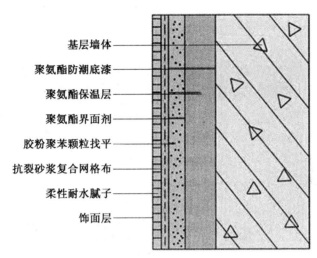

基层墙体
聚氨酯防潮底漆
聚氨酯保温层
聚氨酯界面剂
胶粉聚苯颗粒找平
抗裂砂浆复合网格布
柔性耐水腻子
饰面层

图 3.10　喷涂硬泡聚氨酯外墙外保温系统构造

6.保温装饰一体化外墙外保温系统

①保温装饰一体化外墙外保温系统是近年来逐渐兴起的一种新的外墙外保温做法。它的核心技术特点就是通过工厂预制成型等技术手段,将保温材料与面层保护材料(同时带有装饰效果)复合而成,具有保温和装饰双重功能。施工时可采用聚合物胶浆粘贴、聚合物胶浆粘贴与锚固件固定相结合、龙骨干挂/锚固等方法。

②保温装饰一体化外墙外保温系统的产品构造形式多样,如图 3.11 所示。保温材料可为 XPS、EPS、PUR 等有机泡沫保温塑料,也可以是无机保温板。面层材料主要有天然石材(如大理石等)、彩色面砖、彩绘合金板、铝塑板、聚合物砂浆+涂料或真石漆、水泥纤维压力板(或硅钙板)+氟碳漆等。复合技术一般采用有机树脂胶粘贴加压成型,或聚氨酯直接发泡黏结,也有采用聚合物砂浆直接复合的。

6.4 mm 厚氟碳饰面无机板（纤维水泥增强压力板）

1 mm 厚结构胶（3 M 结构胶）

50 mm 厚保温层 (XPS 挤塑保温板）

(a)

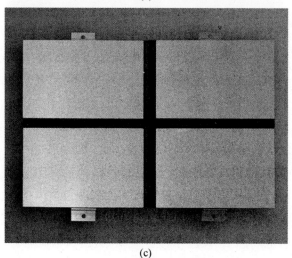

(b)

(c)

图 3.11　保温装饰—体化外墙外保温系统构造

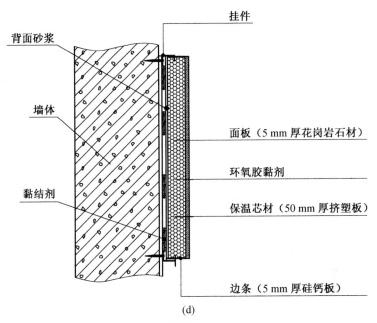

背面砂浆

墙体

黏结剂

挂件

面板（5 mm 厚花岗岩石材）

环氧胶黏剂

保温芯材（50 mm 厚挤塑板）

边条（5 mm 厚硅钙板）

(d)

续图 3.11

3.3.2　细部构造

1. 墙基部位

国内的外保温工程通常是将保温板贴至墙根,并把涂料刷至与地面交接处。建筑物墙基处的外保温系统由于没有采用必要的防护措施,保温层一旦破坏,外保温系统的耐久性就会降低。解决办法是,在墙基离地约 30 cm 处增加托架系统,以提高整个外墙保温系统的稳定性和耐久性。墙基处及地下部分用挤塑聚苯板进行保温处理,同时采用防水砂浆、铝板或混凝土板做保护层,提高外保温系统墙基处的保温防水能力,也可以在外保温墙面墙根处,铺设一层 30 ~ 50 cm 宽、20 cm 深的卵石层,对外保温系统起到防溅水保护作用。保温系统墙基处细部节点构造如图 3.12 所示。

2. 墙角部位

外保温工程墙角处,比较容易受到磕碰而破坏,而且一旦损坏不易修复。可以考虑在外墙拐角处使用带网格布的护角条进行保护,既可以简化施工,又可增强外保温系统中墙角处的抗冲击能力。保温系统墙角部位细部节点构造如图 3.13 所示。

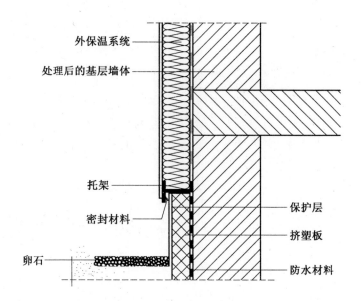

图 3.12 保温系统墙基处细部节点构造

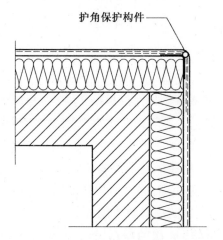

图 3.13 保温系统墙角部位细部节点构造

3. 滴水槽部位

在建筑物垂直外墙面和水平面的过渡区域,例如外墙与窗沿的过渡区域,应该设置滴水槽,以防止水沿窗沿流动。国内的外保温工程一般采用如图 3.14 所示的滴水槽构造,但是当风力较大的时候不能起到较好的滴水作用,甚至会起到引水的作用。

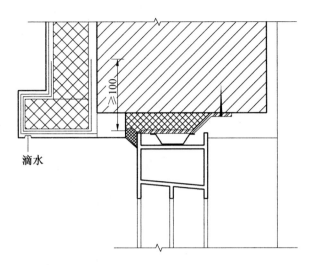

图 3.14　窗沿下的滴水槽构造

　　为了避免现有滴水槽存在的不足,可以将现有滴水槽改进为如图 3.15 所示的滴水槽构造,这种滴水槽即使在降雨量非常大的情况下,也能起到很好的滴水效果。

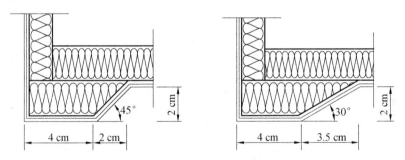

图 3.15　改进后的滴水槽部位构造

4. 空调孔部位细部构造

　　外墙空调孔的处理是一个非常棘手的问题,在许多外保温工程中,空调孔随意穿墙而出,不仅降低了建筑的美观性,而且该部位非常容易引起渗漏。空调孔部位细部构造可参考图 3.16 的做法。

5. 女儿墙部位细部构造

　　女儿墙部位要做到外保温的全方位包覆,同时女儿墙部位也应重视防水的处理,目前国内女儿墙细部构造一般如图 3.17 所示。

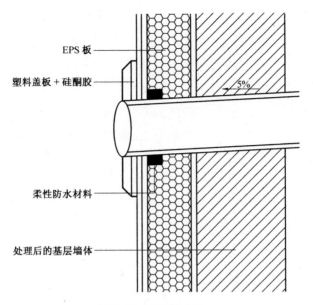

EPS 板

塑料盖板＋硅酮胶

柔性防水材料

处理后的基层墙体

图 3.16 空调孔做法

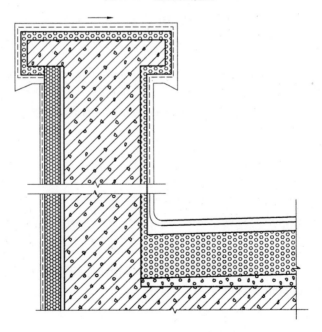

图 3.17 国内女儿墙细部构造

6. 外墙固定件的构造做法

外墙表面通常需要固定一些相应的建筑构件,如扶手、雨水管(可加,但目前用于户外排水管较少)、空调支架(板)等,这些部位应采取措施实现隔热连接,同时也应采取相应的防水措施。扶手连接处的构造做法如图 3.18 所示。雨水管连接处的构造做法如图 3.19 所示。

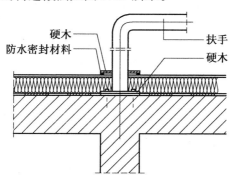

图 3.18　扶手连接处的构造做法

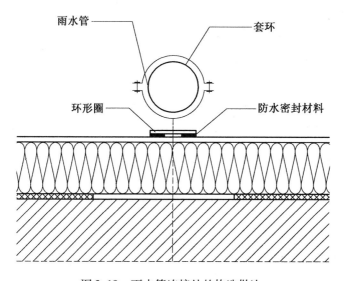

图 3.19　雨水管连接处的构造做法

3.4　外墙外保温系统的性能

外墙外保温系统的性能主要包括保温隔热性能、抗拉和抗压强度、黏结性、耐候性、柔韧性和透气性。影响外墙外保温系统性能的因素除了与所用原材料有关外,还与施工质量有关。

(1)强度

强度的高低主要影响系统的抗拉拔、抗风压、抗变形的能力。强度越高越好。

(2)黏结性

黏结性是指保温材料与基层的黏结和面层与保温材料的黏结的能力。如果采用带表皮的 XPS 板,由于其界面光洁度高,所以它的黏结性能不如不带表皮的 XPS 板和 EPS 板好,为此可采用聚合物界面剂处理界面来提高黏结强度。

(3)耐候性

耐候性对保温系统的整体稳定性和保温效果有着直接的影响。单从材料来说,由于 EPS 板的吸水性比 XPS 板较高,所以 EPS 板的耐候性不如 XPS 板好。但就保温系统而言,加强外层抹面的防水能力,避免面层砂浆开裂,几种做法的耐候性都没有问题。

(4)抗湿性(吸水性)

吸水性越差,则抗湿性就越好,保温材料遇水遇湿时的性能(包括保温隔热性能)就越稳定。

(5)柔韧性

柔韧性对系统的整体稳定性和面层开裂有影响。

(6)透气性

透气性差,则室内的舒适感差,并当室内外温差较大,而湿度又较高时,墙面容易产生结露现象。

3.5　各种有机保温材料外墙外保温系统比较

目前在市面上使用的墙体保温材料主要有聚苯板、挤塑板和聚氨酯硬泡,

在满足保温规范要求的基础上,就以上几种材料进行性价比对比,结果见表
3.2、3.3 和表3.4。

表3.2　EPS 外墙外保温体系(涂料饰面)

材料名称	单价	厚度/mm	损耗/%	用量	小计/元
聚合物黏结砂浆	2 000 元/t	3	5	4 kg	8.00
聚苯板	350 元/m³	40	10	0.044 m³	15.4
聚合物抹面抗裂砂浆	2 100 元/t	3	5	6 kg	12.60
网格布	2.5 元/m²		10	1.1 m	2.75
锚固钉	0.35 元/套		不计	6 套	2.10
人工费					18.00
合计					58.85

备注:聚苯板密度为 18 kg/m³

材料分析:

①国内使用时间较长,施工成熟。热工性能好(导热系数为0.040 W/(m·K))。

②熔点低,在强太阳光照射下容易和面层砂浆出现分层现象。

③该材料是有机材料,高温下容易产生有毒气体。

④老化问题较严重,工程后期可能出现空鼓开裂现象。

⑤经济性好。

表3.3　XPS 挤塑板外墙外保温系统(涂料饰面)

材料名称	单价	厚度/mm	损耗/%	用量	小计/元
聚合物黏结砂浆	2 000 元/t	3	5	4 kg	8.00
苯板界面剂	10 000 元/t	—	5	0.2 kg	2.00
挤塑板	680 元/m³	30	10	0.033 m³	22.44
聚合物罩面砂浆	2 100 元/t	3	5	6 kg	12.60
低碱网格布	2.5 元/m²		10	1.1 m²	2.75
锚固钉	0.35 元/套		不计	6 套	2.10
人工费					18.00
合计					67.89

备注:挤塑板密度为 32 kg/m³

材料分析：

①相比其他保温材料,导热系数要低(导热系数为 0.030 W/(m·K))。

②强度高,后期容易变形,造成墙面空鼓开裂现象。

③因材料特殊,施工要求高。

④该材料生产厂家多,市场价格混乱。

⑤面层较光滑,和砂浆结合性能差。

表 3.4　聚氨酯外墙外保温体系（涂料饰面）

材料名称	单价	厚度/mm	损耗/%	用量	小计/元
墙面界面剂	2 500 元/t	0.2~0.5	5	0.4 kg	1.00
聚氨酯	1 700 元/m³	15	10	0.016 5 m³	28.05
找平胶浆	580 元/m³	20	10	0.022 m³	12.76
聚合物抹面抗裂砂浆	1 000 元/t	5	5	11 kg	11
网格布	2.5 元/m²		10	1.1 m	2.75
锚固钉					
人工费					22.00
合计					77.56

备注:聚氨酯密度为 35 kg/m³

材料分析：

①热工性能好(导热系数为 0.040 W/(m·K))。

②自黏结力强,保温层厚度薄。

③该材料是有机材料,喷涂施工时容易产生有毒气体。

④现场施工对外界条件要求高,受天气影响大。

⑤造价高。

第4章 模塑聚苯板

4.1 简 介

聚苯板全称聚苯乙烯泡沫板,又名泡沫板或 EPS 板,如图 4.1 所示。它是由含有挥发性液体发泡剂的可发性聚苯乙烯珠粒,经加热预发后在模具中加热成型的具有微细闭孔结构的白色固体,形态如家电包装物里面的异型防震泡沫。由于其具有较好的保温隔热性能、较好的耐候性,在建筑外保温系统中得到广泛应用。在发达国家 EPS 材料应用于保温系统已有 30 余年历史,因此,其作为建筑外保温,技术已经非常成熟。中国的《外墙外保温工程技术规程》已于 2005 年颁布,成为我国认可的建筑外保温系统。

图 4.1 EPS 板

聚苯乙烯泡沫主要用于生产包装容器、日用品及电器/电子。世界各地聚苯乙烯泡沫的消费结构不尽相同,北美约 9% 用于电器/电子行业,57% 用于包装容器,34% 用于其他方面;西欧约 15% 用于电器/电子行业,48% 用于包装容器,37% 用于其他方面;东北亚地区约 49% 用于电器/电子行业,20% 用于包装容器,31% 用于其他方面;中国约 63% 用于电器/电子行业,7% 用于包装容器,30%用于其他方面。

我国可发性聚苯乙烯泡沫塑料的工业生产始于20世纪60年代,1994年EPS制品的消费量是10万t,到1997年已达30万t的规模,其中在建筑中的应用约占50%。

国产EPS产品性能和质量较差,不能满足市场的要求。除外资及合资企业产品外,国内厂商的产品多数不能满足电子行业等用户对产品性能和质量的要求,难以进入这个庞大的市场。在聚苯乙烯需求量最大的电子/电器行业中,进口产品占绝对优势,国产树脂只有少量应用,而且只能用于低档产品。国内知名电器制造商为了保证其产品质量,全部使用进口原料或外资合资企业的产品,连用于防震外包装的发泡聚苯乙烯也通常使用进口产品或合资企业的产品。

聚苯乙烯夹芯板系列装置规模偏小,缺乏竞争力。目前国内有聚苯乙烯生产厂近40家,大部分生产能力在3万t/a以下,还有不少规模在1万t/a左右的小型装置,生产能力达到10万t/a的生产厂仅有5家。小装置不但产品质量不能和先进的大型生产装置相比,而且生产成本也较高,在市场竞争中处于劣势。

与聚苯乙烯生产的高速发展不相适应的是,其原料苯乙烯生产发展相对较慢,聚苯乙烯装置的原料来源受到限制,开工率受到影响。1999年,我国苯乙烯生产能力为84.6万t/a,产量60.2万t,即使全部用于生产聚苯乙烯也仅能满足国内聚苯乙烯生产需要的43%。原料供应的不足是造成装置开工率较低的主要原因之一。1999年,我国聚苯乙烯产量约94万t,装置的平均开工率仅为67%,生产能力大量闲置,进一步增加了我国对进口聚苯乙烯的依赖程度。

4.2 性能及测试

4.2.1 性能

(1)聚苯板具有优异的保温隔热性能:聚苯板主要以聚苯乙烯为原料制成,而聚苯乙烯原本就是极佳的低导热原料,再辅以挤塑而出,形成紧密的蜂窝结构,从而有效地阻止了热传导。聚苯板具有高热阻、低线性膨胀率的特性。聚苯板导热系数为 0.028 W/(m·K^{-1}),远远低于其他保温材料。同时聚苯板材质轻、价廉,加之具有稳定的化学结构和物理结构,能确保本材料保温性能的持久和稳定,因此聚苯板为目前世界上最优秀的保温材料之一。

(2)聚苯板具有高强度抗压性能:聚苯板抗压强度极高,即使长时间水泡仍维持不变,具有很大的承载力和良好的抗冲击性。

(3)聚苯板具有优越的抗水、防潮性能:聚苯板具有紧密的闭孔结构,聚苯乙烯分子结构本身不吸水,板材的正反面都没有缝隙,因此吸水率极低,防潮和防渗透性能极佳。

(4)聚苯板具有防腐蚀、经久耐用性能:聚苯板因具有优异的防腐蚀、防老化性、保温性,使用寿命可达 30~40 年。

(5)聚苯板质轻、高硬度、施工便利、成本低:聚苯板完全的闭孔发泡结构形成轻质,而均匀的蜂窝结构使其硬度高,因此不易破损,搬运轻松,安装轻便,切割容易,用于屋顶保温时不会影响结构的承载力。

(6)高品质环保型:聚苯板不易发生分解和霉变,无有害物质挥发,化学性质稳定,为一种高品质环保型产品。

4.2.2 测 试

1. 表观密度

(1)标准

《泡沫塑料和橡胶表观(体积)密度的测定》(GB/T 6343—1995)和《泡沫塑料和橡胶线性尺寸的测定》(GB/T 6342—1996)。

(2)量具

精度为 0.1 mm 的游标卡尺。

(3)试件尺寸

(100±1)mm×(100±1)mm×试样原厚,试样数量 3 个。

(4)试样状态调节

试样应在温度为(23±2)℃、相对湿度为(50±5)%的环境下进行 16 h 的状态调节。

（5）尺寸测量位置和次数

测量点尽可能分散，至少5点，取每个点上3个读数的中值，并用5个或5个以上的中值计算平均值。

（6）质量称量

精确至0.5%。

（7）结果计算

$$\rho_a / (kg/m^3) = m/V$$

以3个试样单次值的算术平均值作为试验结果，单次值和平均值都精确至0.1 kg/m³。

（8）计算公式

对于密度低于30 kg/m³的闭孔型泡沫材料的表观密度的计算按下式进行：

$$\rho_a / (kg/m^3) = m + m_a/V$$

式中　m_a——排出空气的质量，是指在常压和一定的温度时的空气密度（g/mm³）乘以试样的体积（mm³）。

在101 325 Pa，温度为23 ℃时，空气密度为1.220×10^{-6} g/mm³；在温度为27 ℃时，空气密度为$1.195\ 5 \times 10^{-6}$ g/mm³。

2. 尺寸稳定性

尺寸稳定性试验按《硬质泡沫塑料尺寸稳定性试验方法》（GB/T 8811—2008）和《泡沫塑料和橡胶线性尺寸的测定》（GB/T 6342—1996）。

（1）试验仪器

恒温恒湿箱、电热鼓风干燥箱、游标卡尺（精度为0.02 mm）。

（2）试样

①试样制备：应在距样品边缘20 mm处切取。

②试样最小尺寸与数量：（100±1）mm×（100±1）mm×试样原厚，数量至少3个。

③试样应在温度为（23±2）℃、相对湿度为（50±5）%的环境下进行16 h的状态调节。

（3）试件尺寸测量

按《泡沫塑料和橡胶线性尺寸的测定》（GB/T 6342—1996）的方法测量每个试件3个不同位置的长度、宽度和5个不同点的厚度。

（4）试验条件

（70±2）℃进行 48 h 实验。

（5）步骤

调节电热鼓风干燥箱内温度至选定的试验条件,将试样水平置于箱内金属网后多孔板上,试样间隔至少 25 mm,鼓风以保持箱内空气循环。试样不受加热元件的直接辐射。（20±1）h 后,取出试样,在温度为（23±2）℃、相对湿度为（50±5）% 的环境条件下放置 1～3 h,按上述（4）规定测量试样尺寸,并目测检查试样状态,再将试样置于选定的试验条件下,总时间（48±2）h 后,重复（3）规定测量试样尺寸。

（6）结果表示

按下式计算试样的尺寸变化率,精确至 0.1%：

$$\varepsilon_L = \frac{L_t - L_0}{L_0} \times 100\%$$

$$\varepsilon_W = \frac{W_t - W_0}{W_0} \times 100\%$$

$$\varepsilon_T = \frac{T_t - T_0}{T_0} \times 100\%$$

式中　$\varepsilon_L, \varepsilon_W, \varepsilon_T$——试样的长度、宽度、厚度的尺寸变化率,%；

L_t, W_t, T_t——试样试验后的平均长度、宽度、厚度,mm；

L_0, W_0, T_0——试样试验前的平均长度、宽度、厚度,mm。

3. 抗拉强度

（1）标准

《膨胀聚苯板薄抹灰外墙外保温系统》（JG 149—2003）。

（2）试验仪器

①拉力机:需有合适的测力范围和行程,精度为 1%。

②固定试样的刚性平板或金属板:互相平行的一组附加装置,避免试验过程拉力不均衡。

③直尺:精度为 0.1 mm。

（3）试样

①试样尺寸与数量:100 mm×100 mm×试样原厚,数量 5 个。

②制备:在保温板上切割下试样,其基面应与受力方向垂直。切割时需离

膨胀聚苯板边缘 20 mm,试样的两个受检面的平行度和平整度的偏差不大于 0.5 mm。

③试样在试验环境下放置 6 h 以上。

(4)试验过程

①试样以合适的胶黏剂粘贴在两个刚性平板或金属板上,放置 24 h。

②试样装入拉力机上,以(5±1)mm/min 的速度加荷,直至试样破坏,记录最大拉力,以 N 表示。

(5)试验结果

①记录试样的破坏形状和破坏方式,或表面状况。

②垂直于板面方向的抗拉强度按下式计算,精确至 0.01 MPa:

$$\sigma = F/A$$

式中　　σ——拉伸强度,MPa;

　　　　F——最大拉力,N;

　　　　A——试样的横断面面积,m^2。

试验结果以 5 个单次值的算术平均值表示,精确至 0.01 MPa。

③破坏面如果在试样和两个刚性平板或金属板之间的黏胶层中,则该试样测试数据无效。

4. 导热系数

(1)标准

《绝热材料稳态热阻及有关特性的测定防护热板法》(GB/T 10294—1988)。

(2)试验仪器

①导热系数测定仪(以 CD-DR3030 型导热系数测定仪为例)。

②游标卡尺,精度为 0.02 mm。

③仪器校准:用导热系数参比板进行校准。

(3)试样

试件应为匀质材料,试件表面应平整,整个表面的不平度应在试件厚度的 2% 以内,试件应按标准要求进行状态调节。试件尺寸为 300 mm×300 mm×(10~40)mm,数量 2 块。

（4）试验步骤

①用游标卡尺在试件任何一边的两端距边缘 20 mm 和中间处分别测量厚度,在相对的另一边重复以上测量,取 6 个测量结果的平均值作为试件厚度,精确至 0.1 mm。

②接通导热系数测定仪电源,进入测定程序。

③安装试件。

④进入自动测定程序,输入试样信息及冷面温度和热面温度,试验开始,直至试验自动结束,记录试验结果。

5.压缩强度

（1）标准

《硬质泡沫塑料压缩性能的测定》（GB/T 8813—2008）和《泡沫塑料和橡胶线性尺寸的测定》（GB/T 6342—1996）。

（2）压缩试验机

测力的精度为±1%,位移精度为±5%。仪器在使用前应预先校准,加荷速率应能调整为试件厚度的 1/10（mm/min）。

（3）试样

试样应在温度为（23±2）℃、相对湿度为（50±5）% 的环境下进行状态调节。

试件尺寸为（100.0±1.0） mm×（100.0±1.0）mm×试样的原厚,试样数量 5 个。对于厚度大于 100 mm,试样的长度和宽度应不低于制品厚度。试样经切割应不改变材料的原始结构,对于各向异性的非匀质,可用不同方向的两组试样进行试验,试样不允许由几薄片叠加组成试样。

（4）试验步骤

按 GB/T 6342 的规定,测量每个试样的受压面尺寸,单位为 mm。将试样放置在压缩试验机的两块平行板之间的中心,以每分钟压缩试样初始厚度 10% 的速率压缩试样,直至试样厚度变为初始厚度的 85%,记录最大压缩力,单位为 N。

（5）试验结果

压缩强度按下式计算,精确至 0.1 kPa：

$$\sigma = F/A$$

式中　σ——压缩强度,kPa;

　　　F——最大压缩力,N;

　　　A——试样的横断面面积,mm^2。

试验结果以 5 个试样的算术平均值表示,精确至 0.1 kPa。

6. 规格尺寸和允许偏差

GB/T 10801.1—2002 标准、GB/T 10801.2—2002 标准中规格尺寸和允许偏差试验按 GB/T 6342 的规定进行。

(1)量具的选择

当精度要求为 0.05 mm 时,应使用测微计或千分尺;当精度要求为 0.1 mm 时,使用游标卡尺;当精度要求为 0.5 mm 时,使用金属直尺或金属卷尺。

(2)测量的位置和次数

测量的位置取决于试样的形状和尺寸,但至少 5 个点,为了得到一个可靠的平均值,测量点尽可能分散些。取每一点上 3 个读数的中值,并用 5 个或 5 个以上的中值计算平均值。

(3)用测微计测量

通常,测试应在一块基板上进行,基板必须大于其所支撑的试样的最大尺寸。测量时试样必须平置于基板上,读数应修约到 0.1 mm。

(4)用千分尺测量

用千分尺测量时,千分尺的测量面要连续地靠拢直至恰好接触泡沫材料表面而又不使试样表面产生任何变形和损伤。将试样轻微地前后移动,感到轻微的阻力,读数应修约到 0.1 mm。

(5)用游标卡尺测量

测量各种材料时,应逐步地将游标卡尺预先调节至较小的尺寸,并将其测量面对准试样,当游标尺的测量面恰好接触到试样表面而又不压缩或损伤试样时,调节完成,读数应修约到 0.2 mm。

(6)用金属直尺或金属卷尺测量

用金属直尺或金属卷尺测量,不应使泡沫材料变形或损伤,读数应修约到 1 mm。

7. 吸水率

（1）标准

《硬质泡沫塑料吸水率的测定》（GB/T 8810—2005）。

（2）仪器设备

①天平：能悬挂网笼，称量精确至 0.1 g。

②圆筒容器：直径至少 250 mm，高 250 mm。

③切片器：能切割 0.1~0.4 mm 的薄片试样。

④投影仪。

（3）试样

GB/T 10801.1—2002 标准中试样尺寸为（100±1）mm×（100±1）mm×试样原厚，试样数量 3 个。GB/T 10801.2—2002 标准中试样尺寸为（150.0±1.0）mm×（150.0±1.0）mm×试样原厚，试件数量 3 个。水温为（23±2）℃，浸水时间 96 h。

采用机械切割方法制备的试样，表面应光滑、平整、无粉末。

（4）试验步骤

①将试样常温下放于干燥器中，每隔 12 h 称重一次，直至连续两次称重质量之差不大于平均值的 1%，记录试样质量（m_1），准确至 0.1 g。

②测量试样尺寸，计算试样体积（V_0），准确至 0.1 cm^3。

③将放置 48 h 后的蒸馏水注入圆筒容器中，将网笼浸入水中，除去网笼表面气泡，挂在天平上，称其表观质量（m_2），准确至 0.1 g。

④将试样装入网笼，重新浸入水中，并使试样顶面距水面约 50 mm，除去网笼和试样表面气泡，用塑料薄膜覆盖在圆筒容器上。

⑤（96±1）h 或其他约定时间后，除去薄膜，称量浸在水中的试样和网笼的质量（m_3），准确至 0.1 g。

⑥目测试样溶胀情况，确定溶胀和切割表面体积的校正，均匀溶胀用方法 A，不均匀溶胀用方法 B。

方法 A

（a）从水中取出试样，立即重新测量其尺寸，计算其体积（V_1），准确至 0.1 cm^3，均匀溶胀体积校正系数 S_0 为

$$S_0 = \frac{V_1 - V_0}{V_0}$$

$$V_0 = \frac{d \times l \times b}{1\,000}$$

$$V_1 = \frac{d_1 \times l_1 \times b_1}{1\,000}$$

式中　　V_1——试样浸泡后体积,cm^3;

　　　　V_0——试样初始体积,cm^3;

　　　　d——试样的初始厚度,mm;

　　　　l——试样的初始长度,mm;

　　　　b——试样的初始宽度,mm;

　　　　d_1——试样浸泡后厚度,mm;

　　　　l_1——试样浸泡后长度,mm;

　　　　b_1——试样浸泡后宽度,mm。

（b）平均泡孔直径 D。

对于要测定平均泡孔直径的每一方向,须在被测样品上切割 50 mm×50 mm原厚的试样,从试样上任意切割试片,其厚度应小于单个泡孔的直径,保证影像不因空壁重叠而被遮住。最佳切片厚度应随发泡材料的平均泡孔尺寸而定,以较小的泡孔直径作为切片厚度。

将薄片插入载片中,调整标尺坐标,使其零点位于测量区顶部,重新装好载片。

将载片插入投影仪,调整焦距,使其影像在墙壁或屏幕上成像清晰。

从投影影像上测量平均泡孔弦长 t。首先,在标尺长 30 mm 范围内确定泡孔或孔壁数目,然后将直线长度除以泡孔数目;测得平均泡孔弦长。若试片长度小于 30 mm,则在最大长度上确定泡孔数目。

当泡孔结构各向异性时,则在 3 个主要方向上分别测定平均泡孔直径,以 3 个结果的平均值表示。

由下式计算平均泡孔直径:

$$D = \frac{t}{0.616}$$

式中　　D——平均泡孔直径,mm,保留两位有效数字;

　　　　t——平均泡孔弦长,mm。

（c）切割表面泡孔体积 V_c。

有自然表皮或复合表皮的试样：

$$V_c = \frac{0.54D(l \times d + b \times d)}{500}$$

各表面均为切割面的试样：

$$V_c = \frac{0.54D(l \times d + l \times b + b \times d)}{500}$$

式中　V_c——试样切割表面泡孔体积，cm^3；

　　　D——平均泡孔直径，mm。

注：若平均泡孔直径小于 0.50 mm，且试样体积不小于 500 cm^3，切割表面泡孔的体积校正系数较小（小于 3.0%），可以被忽略。

方法 B

(a)合并校正溶胀和切割面泡孔的体积。

向圆筒容器中注满蒸馏水，直至水从溢流管流出，当水平面稳定后，在溢流管下放一容积不小于 600 cm^3 的带刻度的容器，此容器能用来测量溢出水的体积，准确至 0.5 cm^3（也可用称量法）。从原始容器中取出试样和网笼，淌干表面水分（约 2 min），小心地将装有试样的网笼浸入盛满水的容器，水平面稳定后测量排出水的体积（V_2），准确至 0.5 cm^3。用网笼重复上述过程，并测量其体积（V_3），准确至 0.5 cm^3。

(b)溶胀和切割表面体积校正系数 S_1 为

$$S_1 = \frac{V_2 - V_3 - V_0}{V_0}$$

式中　V_2——装有试样的网笼浸在水中排出水的体积，cm^3；

　　　V_3——网笼浸在水中排出水的体积，cm^3；

　　　V_0——试样的初始体积，cm^3。

(5)结果表示

方法 A

$$WA_v = \frac{m_3 + V_1 \times \rho - (m_1 + m_2 + V_c \times \rho)}{V_0 \rho} \times 100\%$$

式中　WA_v——吸水率，%；

　　　m_1——试样质量，g；

　　　m_2——网笼浸在水中的表观质量，g；

m_3——装有试样的网笼浸在水中的表观质量,g;

V_1——试样浸渍后体积,cm³;

V_c——试样切割表面泡孔体积,cm³;

V_0——试样初始体积,cm³;

ρ——水的密度,1 g/cm³。

方法 B

$$WA_v = \frac{m_3 + (V_2 - V_3)\rho - (m_1 + m_2)}{V_0\rho} \times 100\%$$

式中 WA_v——吸水率,%;

m_1——试样质量,g;

m_2——网笼浸在水中的表观质量,g;

m_3——装有试样的网笼浸在水中的表观质量,g;

V_2——装有试样的网笼浸在水中排出水的体积,cm³;

V_3——网笼浸在水中排出水的体积,cm³;

V_0——试样初始体积,cm³;

ρ——水的密度,1 g/cm³。

结果以全部被测试样吸水率的算术平均值表示。

8. 氧指数

(1)试验标准

《膨胀聚苯板薄抹灰外墙外保温系统》(JG 149—2003)、《塑料用氧指数法测定燃烧行为 第一部分:导则》(GB/T 2406.1)和《塑料用氧指数法测定燃烧行为 第二部分:室温试验》(GB/T 2406.2)。

(2)试样

泡沫材料试样尺寸:长度为 80 ~ 150 mm,宽度为(10±0.5)mm,厚度为(10±0.5)mm。

试样数量:至少 15 根。

(3)试验步骤

①试验采用顶面点燃法,在试样上距离点火端 50 mm 处画标线,将试样放置在温度为(23±2)℃、湿度为(50±5)%的条件下至少调节 88 h。

②开启氧指数测定仪,选择起始氧浓度,可根据类似材料的结果选取。另

外,可观察试样在空气中的点燃情况,如果试样迅速燃烧,选择起始氧浓度约为18%(体积分数);如果试样缓慢燃烧或不稳定燃烧,选择的起始氧浓度约为21%(体积分数);如果试样在空气中不连续燃烧,选择的起始氧浓度至少25%(体积分数),这取决于点燃的难易程度或熄灭前燃烧时间的长短。

③确保燃烧筒处于垂直状态,将试样垂直安装在燃烧筒的中心位置使试样的顶端低于燃烧筒顶口至少100 mm,同时试样的最低点的暴露部分要高于燃烧筒基座的气体分散装置的顶面100 mm。

④调整气体混合器和流量计,使氧、氮气体在(23±2)℃下混合,氧浓度达到设定值,并以(40±2)mm/s的流速通过燃烧筒。在点燃试样前至少用混合气体冲洗燃烧筒30 s,并确保点燃及试样燃烧期间气体流速不变。

⑤点燃试样,将火焰的最低部分施加于试样的顶面,如需要,可覆盖整个顶面,但不能使火焰对着试样的垂直面、棱,施加火焰30 s,每隔5 s移开一次,移开时恰好有足够时间观察试样的整个顶面是否处于燃烧状态。在每增加5 s后,观察整个试样顶面持续燃烧,立即移开点火器,此时试样被点燃并开始记录燃烧时间和观察燃烧长度。如果燃烧终止,但在1 s内又自发再燃,则继续观察和计时。

⑥如果试样的燃烧时间未超过180 s或燃烧长度未超过试样顶端以下50 mm(两者选其一),记作"O"反应。如果燃烧时间超过180 s或燃烧长度超过试样顶端以下50 mm(两者选其一),记作"×"反应。

⑦移出试样,清洁燃烧筒和点火器,使燃烧筒温度回到(23±2)℃。

⑧按上述步骤以合适的步长调整氧浓度,直至氧浓度(体积分数)之差≤1%,且一次是"O"反应,另一次是"×"反应为止。将"O"反应的氧浓度记作初始氧浓度。用初始氧浓度试验一个试样,记录是"O"反应或是"×"反应,作为 N_L 和 N_T 系列的第一个值。

⑨改变氧浓度试验其他试样,氧浓度(体积分数)的改变量为总混合气体的0.2%,记录氧浓度值及相应的反应,直至与按⑧试验的反应不同为止。

⑩由⑧和⑪试验的结果构成 N_L 系列。

⑪保持步长 $d = 0.2\%$,试验4个以上的试样,并记录每个试样的氧浓度 C_O 和反应类型,最后一个试样的氧浓度记为 C_i。这4个结果连同⑨的最后一个结果及 N_L 系列构成 N_T 系列,即 $N_T = N_L + 5$。

a. 按下式计算氧指数：

氧指数 OI 以体积分数表示，计算氧浓度标准偏差时，OI 取两位小数，报告时，OI 准确至 0.1，不修约。

$$OI = C_i + kd$$

式中　C_i——N_T 系列中最后氧浓度值，以体积分数表示(％)，取一位小数；

　　　k——查表取得的系数；

　　　d——步长，以体积分数表示(％)，取一位小数，不能低于 0.2，应满足：

$$\frac{2\sigma}{3} < d < 1.5\sigma$$

b. 按下式计算氧浓度的标准偏差：

$$\sigma = \left[\frac{\sum_{i=1}^{n} (C_i - OI)^t}{n - 1} \right]^{1/2}$$

式中　C_i——N_T 系列测量中最后 6 个反应的每个所用的百分浓度；

　　　OI——氧指数；

　　　n——测量次数。

9. 建筑材料可燃性试验方法

（1）试验标准

《建筑材料及制品燃烧性能分级》(GB/T 8624—2006)和《建筑材料可燃性试验方法》(GB/T 8626—2007)。

（2）仪器

JCK-2 型建材可燃性试验炉。

（3）试样

每组试验需要 5 个或 6 个试件，规格为：采用边缘点火：90 mm×190 mm，采用表面点火：90 mm×230 mm，试件的厚度应符合材料的实际使用情况，最大厚度不超过 80 mm，若超过 80 mm，应取 80 mm，其表层和内层材料应具有代表性。对边缘未加保护的材料，只按边缘点火规定的尺寸制备一组试件；对边缘加以保护的材料，应按边缘点火和表面点火规定的尺寸各制备一组试件。

（4）试验步骤

①采用边缘点火试件，在试件高度 150 mm(从最低沿算起)处划一全宽刻度线，采用表面点火试件，在试件高度 40 mm 和 190 mm(均从最低沿算起)

处各划一全宽刻度线。划好线的试件应在温度为(23±2)℃、相对湿度为(50±6)%的条件下至少放置14 d,或调节至间隔48 h,前后两次称量的质量变化率不大于0.1%。

②检查仪器面板上的"点火时间"显示器是否在15 s,"试验时间"显示器设定值是否在量程最大值。

③接通电源、气源,关闭面板上的"燃气开关"阀,打开丙烷气钢瓶阀门。

④打开仪器电源开关,按"复位"键使燃烧器复位。

⑤将试件安装在试样夹上,将试件夹垂直固定在燃烧试验箱中。

⑥对边缘点火,厚度不大于3 mm的试件,调节燃烧器火焰尖头位于试件底面中心位置;厚度大于3 mm的试件,火焰尖头应在试件底边中心并距燃烧器近边大约1.5 mm的底面位置。燃烧器前沿与试件受火点的轴向距离应为16 mm。

⑦将在干燥器中经过48 h干燥处理的两层滤纸,放置在用细金属丝编织的、底面积为100 mm×60 mm的网篮中,并置于试件的下方。

⑧打开"燃气开关",按"点火"按钮点着燃烧器,调节燃烧器上旋钮,使火焰高度为(20±1) mm并倾斜45°,关闭燃烧试验箱。

⑨常按"运行"键,燃烧器自动对试件施加火焰,施加完毕后,自动移去。计量从点火开始至火焰到达标线或试件表面燃烧熄灭的时间。火焰熄灭时,按"计时"键,记录仪器上"试验时间"显示器上的数据,同时应记录火焰尖端是否到达距点火点150 mm处,是否有滴落物,滤纸是否被引燃。

⑩重复以上步骤,试验其他试件,完毕后,关闭电源、燃气开关及钢瓶阀门。

(5)结果评定

经试验符合下列规定的可确定为可燃性建筑材料:

①对下边缘未加保护的试件,在底边缘点火开始后的20 s内,火焰尖头均未达到刻度线。

②对下边缘加保护的试件,在底边缘点火开始后的20 s内,火焰尖头均未达到刻度线且在表面点火开始后的20 s内,火焰尖头也均未达到刻度线。

10. 建筑材料燃烧或分解的烟密度试验方法

（1）试验标准

《建筑材料及制品燃烧性能分级》（GB/T 8624—2006）和《建筑材料燃烧或分解的烟密度试验方法》（GB/T 8627—2007）。

（2）仪器

JCY-2 型建材烟密度测试仪。

（3）试样

①标准的样品是（25.4±0.3）mm×（25.4±0.3）mm×（6.2±0.3）mm，也可以采用其他厚度，但需要在报告中注明。试样最大厚度为 25 mm，当材料厚度大于 25 mm 时，需根据实际使用情况确定受火面，并在切割时保留受火面。

②每组试验样品为 3 块，要求试样表面平整、无飞边、毛刺。

③将制备好的试件在温度为（23±2）℃、相对湿度为（50±5）% 的条件下至少放置 40 h。

（4）试验步骤

①打开光源、安全出口标志、排风机的电源，燃烧箱内有光束通过，预热 15 min。

②系统校准。

滤光片的校正：点击程序中"校准开始"，点击"插入滤光片"，按键变暗，用黑色不透明材料挡住光电池，后面数值显示为 0.0，若不是，调节仪器内部电位器，使之为 0.0。点击"移出滤光片"，按键变暗，等显示的数值稳定后（数值在 750 左右最佳，如果偏大或偏小，调节满度按钮，使之适合），再次单击使之弹出。点击"插入滤光片"，按键变暗，此时显示数值应为 100%，分别用标定的滤光片遮住接收口，吸收率窗口应分别显示滤光片上的数值，3 次误差平均值应小于 3%，后点击"插入滤光片"，使之弹出，校正结束后单击"校准结束"按键。

③火焰位置确认。

打开燃气阀门和燃气开关，点燃本生灯，调整丙烷压力到 276 kPa，单击"校准开始"，选中"进火"，本生灯到位，调整试样架位置，使火焰在钢丝网正中心，调好后，选中"退火"，单击"校准结束"。

④将试样水平放置在支架上，使得点火器就位后火焰正好在样品的下方。

⑤将计时器调到零点,关闭排风机和烟箱门。点击"平行试验一",调节采样时间间隔15 s,单击"开始、确认",本生灯进火到位后自动开始采集。记录试验期间的现象,包括样品出现火焰的时间,火焰熄灭的时间,样品烧尽的时间,安全出口标志由于烟气累积而变模糊的时间,一般的和不寻常的燃烧特性,如熔化、滴落、起泡、成炭。4 min后试验自动结束,点击数据按钮,选择路径保存。

⑥第一次试验结束后,打开箱门或排风机排烟,用清洁剂清除箱壁上的黑烟,去除筛上的残留物。

⑦按上述步骤进行3次试验,记录烟密度值、烟密度等级及光吸收平均值与时间的关系曲线,保存试验报告。

4.3 应　　用

4.3.1　道路工程

（1）用作软土地基路堤填料

在软土地基上修筑路堤经常会产生路基不均匀沉降和沉降量过大问题。EPS自身密度小的超轻质特性和其特有的力学性能,决定了EPS能够有效地减轻路堤、基础自重荷载,从而达到减小地基变形、有效控制路堤沉降、保证路面使用质量的目的。

（2）用于路桥过渡段填筑

由于路桥过渡段的特殊性,施工质量难于控制,并且基于桥台与路堤结构的差异,使得在过渡段处容易产生沉降差,从而影响行车的安全与舒适。利用EPS质轻、竖向受压后产生侧向压力小的特点,把EPS用于桥台、挡墙的填料,既能减轻自重,有效防止基础下沉,避免桥台与路基连接处的沉降差异,消除桥头跳车现象,同时又可大幅减小路堤对桥台的侧向压力。

（3）修建直立挡墙

由于EPS具有直立性好、侧向变形小的特点,在山区陡坡和城市道路建设中可以利用EPS修建占地面积小、外表美观的直立挡墙。

（4）用于减轻地下结构物顶部的土压力

路堤下埋设的刚性结构物往往会由于结构物上部土体与两侧土体不均匀沉陷而产生过大的附加压力，垂直土压力系数可达1.2，当填土较高时甚至可达2.0，即在结构物顶部存在应力集中现象。把EPS这种良好的可压缩性材料铺设在结构顶部，形成一个"人工沟槽"，可大大减小结构物所受的土壤压力。这种人为调整位移场分布、改善结构物上应力分布的方法，可用于改善深埋涵洞、管道和高坝防渗芯墙的应力分布，以防止其开裂。

（5）用于防止路基冻害

在寒冷地区，道路路基每到冬季都会发生冻害，使道路不平顺，严重时将危及行车安全。传统的整治方法如注盐、换土、铺炉渣等方法效果都不佳。由于EPS具有良好的保温隔热性能，在路基顶面铺设EPS作防冻层，可减少因填筑路基引起地表下冰冻层溶解而产生的沉降及防护边坡的冻胀破坏，并减小路基的冻结深度，从而消除路基冻害，保持线路结构的稳定和减小变形。

4.3.2　水利工程

采用EPS板作为涵闸基础保温层，可明显地减小或消除基础板下地基土的冻胀力，实现基础浅埋，节省基础开挖量和施工排水费用，尤其是对水饱和地基更具有实用价值。目前北方地区仅用10 cm厚的EPS板作为基础隔热保温层，可相应减少冻深100 cm以上，使冻结深度减小80%以上，降低基础工程造价30%~40%。另外，近年来山东、山西、宁夏等省区在渠道河流衬砌的工程中也大量使用EPS板作为防渗透、防冻融材料以解决渠道的渗透和冻融问题，均取得了很好的效果。

4.3.3　EPS板现浇混凝土外墙外保温系统

EPS板现浇混凝土外墙外保温系统以现浇混凝土外墙作为基层，EPS板为保温层，EPS板内表面（与现浇混凝土接触的表面）沿水平方向有矩形齿槽。内外表面均涂满界面砂浆，在施工时将EPS板置于外模板内侧，并安装锚栓作为辅助固定件，浇灌混凝浆薄抹面层，外表以涂料为饰面层。EPS板现浇混凝土外墙外保温系统构造如图4.2所示。

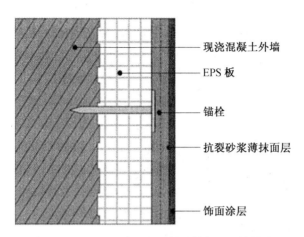

图 4.2　EPS 板现浇混凝土外墙外保温系统构造

现浇混凝土外墙

EPS 板

锚栓

抗裂砂浆薄抹面层

饰面涂层

4.3.4　EPS 钢丝架板现浇混凝土外墙外保温系统

EPS 钢丝架板现浇混凝土外墙外保温系统以现浇混凝土为基层,EPS 单面钢丝网架板置于外墙外模板内侧,并安装直径为 6 mm 钢筋作为辅助固定件。浇灌混凝土后,EPS 单面钢丝网架板挑头钢丝和直径为 6 mm 钢筋与混凝土结合为一整体,EPS 单面钢丝网架板表面抹掺外加剂的水泥砂浆形成厚抹面层,外表做饰面层。其系统构造如图 4.3 所示。

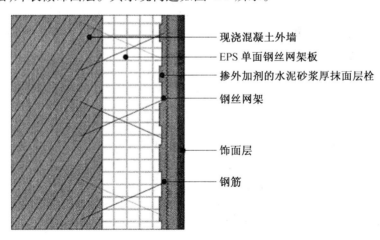

现浇混凝土外墙

EPS 单面钢丝网架板

掺外加剂的水泥砂浆厚抹面层栓

钢丝网架

饰面层

钢筋

图 4.3　EPS 钢丝架板现浇混凝土外墙外保温系统构造

4.3.5　机械固定 EPS 钢丝网架板外墙外保温系统

机械固定 EPS 钢丝网架板外墙外保温系统由机械固定装置、腹丝非穿透型 EPS 钢丝网架板、掺外加剂的水泥砂浆厚抹面层和饰面层构成,以涂料做饰面层时,应加抹玻璃纤维网抗裂砂浆薄抹面层。其系统构造如图 4.4 所示。

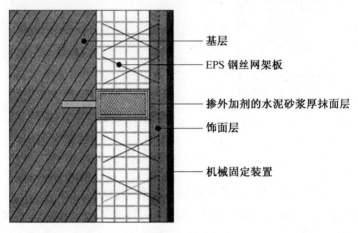

基层

EPS 钢丝网架板

掺外加剂的水泥砂浆厚抹面层

饰面层

机械固定装置

图 4.4　机械固定 EPS 钢丝网架板外墙外保温系统构造

第5章　挤塑聚苯板

5.1　简　　介

挤塑聚苯乙烯泡沫塑料板,简称挤塑板,又名 XPS 板、挤塑聚苯板,如图 5.1 所示。挤塑聚苯板是以聚苯乙烯树脂辅以聚合物在加热混合的同时,注入催化剂,然后挤塑压出连续性闭孔发泡的硬质泡沫塑料板,其内部为独立的密闭式气泡结构,是一种具有高抗压、吸水率低、防潮、不透气、质轻、耐腐蚀、超抗老化(长期使用几乎无老化)、导热系数低等优异性能的环保型保温材料。挤塑聚苯板的研发时间大约在 20 世纪 50 年代,以其良好的绝热功能,独特的抗蒸汽渗透性,较高的抗压强度,近 10 余年在建筑外保温领域得到使用,特别是挤塑聚苯保温板作为屋面绝热材料得到广泛应用。挤塑聚苯板保温系统已列入一些省份建筑外保温建筑标准图集。

图 5.1　挤塑聚苯板

挤出型聚苯乙烯保温板材最早开始研发的时间可以追溯到 20 世纪五六十年代。它具有优异的和持久的保温功能、独特的抗蒸汽渗透性、极高的抗压强度,易于加工安装,所以很快得到了广泛的使用。国外几家著名公司都先后用不同工艺流程取得过该产品的专利权,并在各自的领域中大力推广应用。例如道化学公司的蓝色 XPS、欧文斯康宁公司的粉红色 XPS、巴斯夫公司的绿色 XPS 等,他们除在本国拥有广大市场外,都在国外市场上取得了成功。道化学公司在日本拥有两条以上生产线,欧文斯康宁公司在我国南京市投资建立的年产 10 万 m³ 的生产线投产后迅速打开了市场,产品的市场认可度很高,取得了很好的投资效益。除此之外,台湾的几家公司也在我国的江苏、浙江等地建立了生产基地,其产品已开始进入市场。

我国自从 2000 年第一条引进的 XPS 板生产线投产以来,由于这种产品独特的保温性能、低吸水率和较高的生产效率,市场占有率快速上升。但目前仍然是引进的欧文斯宁公司所生产的产品主导市场,国内也有自行研制开发同类设备的,但由于技术水平低、工艺不完善,设备及产品质量稳定性与国外进口产品仍有相当的差距,使得产品一直处于低端市场,无法扩大市场占有率。

生产 XPS 保温板的主要原材料为聚苯乙烯树脂,平均相对分子质量为 17~50 万,$M_w/M_n \geq 2.6$,辅料包括添加剂、发泡剂等。

挤塑聚苯板作为性能优异的保温隔热材料广泛适用于我国南北方广大的建筑市场。

5.2 性能及测试

5.2.1 性　能

1. 持久的保温隔热性能

XPS 板在平均温度为 10 ℃时的导热系数 ≤0.028 W/(m・K),厚度为 25 mm,平均温度为 10 ℃时,热阻 ≥0.89(m²・K/W),而且这个数值能够在相当长的时间内保持,不会随时间而发生明显的变化。据有关文献报道,其保温性能在 5 年内可保持 90%~95%。

2. 优异的抗湿性和抗蒸汽渗透性

由于 XPS 板具有闭孔结构,所以它的体积吸水率 ≤2.0%,即使在低温冷冻状态下也具有较高的抗湿气渗透性能。它能适应恶劣的潮湿环境而不影响保温性能,所以在地下室保温、路基处理等潮湿或者渗水的情况下采用 XPS 板是一种很好的选择。

3. 较高的抗压强度

XPS 板的抗压强度随产品密度的增加而增加,强度范围可控制在 150 ~ 700 kPa,这就在使用上有了选择的余地。例如,在用作屋面、内外墙保温、地基处理时可选择抗压强度为 250 kPa 的材料,如果做路面、承重屋顶、停车场、机场跑道等则需要选择强度大的材料。

4. 耐腐蚀性能

XPS 板材因具有优异的耐腐蚀、耐老化性及保温性能,其使用寿命可达 30 ~ 50 年。

5. 方便快捷的加工性

从工厂生产出的 XPS 板最为常见的宽度为 600 ~ 1 200 mm,厚度为 20 ~ 100 mm,因为是连续生产,所以长度可按需要进行调整,基本上能够满足使用需要。若有特殊需要,如墙体保温的窗角、墙角等,只须在现场切割加工即可。

6. 阻燃性

XPS 板材的成型温度较高,在此高温下,绝大多数阻燃剂均会分解,失去应有的阻燃性。所以阻燃 XPS 板材的生产难度远远大于 EPS 板,目前国内最常用的 XPS 阻燃剂是六溴环十二烷。

阻燃级 XPS 板材的生产有一定的技术难度,国内绝大多数厂家无技术能力生产阻燃级 XPS 板材。阻燃级 XPS 板材的生产要求尽量降低螺杆温度,温度过高,会导致阻燃剂分解;温度过低,会导致螺杆抱死。因而,必须选择分解温度较高的阻燃剂,且阻燃剂的分散性要好。加入大量阻燃剂后,XPS 板材表面易变形、开裂,必须调整工艺参数。按照原标准 GB 8624—1997,建筑材料燃烧性能等级应分为 4 级:A 级为不燃性建筑材料,B1 级为难燃性建筑材料,B2 级为可燃性建筑材料,B3 级为易燃性建筑材料。XPS 板材属于可燃性建筑材料。目前市场上通常将 B2 级的 XPS 板材称为阻燃级 XPS 板。而标准 GB/T 10801.2—2002 和 GB 8624—2006 中均没有给出阻燃级 XPS 板材的定义,所谓的阻燃级 XPS 板是通俗的叫法。阻燃级 XPS 板材含有阻燃剂,可以阻止因小火而引起的意外起火,由于产品本身属于可燃材料,如直接暴露在强火源中就会迅速燃烧,阻燃剂的作用也十分有限。为确保新旧标准体系的平稳过渡,公安部消防局于 2007 年 5 月 21 日发文"关于实施国家标准《建筑材料及制品燃烧性能分级》(GB 8624—2006)若干问题的通知",其中规定:在有些规范尚未完成相关修订的情况下,为保证现行规范和 GB 8624—2006 的顺利实施,各地可暂参照以下分级对比关系,规范修订后,按规范的相关规定执行:按 GB 8624—2006 检验判断为 A1 级和 A2 级的,对应于相关规范和 GB 8624—1997 的 A 级;按 GB 8624—2006 检验判断为 B 级和 C 级的,对应于相关规范和 GB 8624—1997 的 B1 级;按 GB 8624—2006 检验判断为 D 级和 E 级的,对应于相关规范和 GB 8624—1997 的 B2 级。值得一提的是,实验室的检验只是对小的 XPS 板材试块进行阻燃试验,因此并不一定能反映出材料在实际火灾情况中出现的反应。2011 年 3 月以前,中国对于 XPS 板材阻燃等级的要求为 B2 级别(通常氧指数达到 26% 即可),但由于 2009 年的中央电视台大火和 2010 年上海的 11.15 特大火灾,中国公安部消防局于 2011 年 3 月 14 日颁布了公消[2011]65 号文件,暂时规定民用建筑外保温材料需要采用燃烧性能为 A 级的材料。由此,中国 XPS 泡沫行业当前正面临着极为严峻的消防法规要求,对 XPS 泡沫制品的阻燃等级要求也更加严格,目前,中国 XPS 挤塑发泡板材制品的阻燃要求一般需要达到 B1 级(通常氧指数要达到 30% 以上)才能满足基本要求。

5.2.2　测　试

挤塑聚苯板的技术性能指标包括表观密度、导热系数、压缩强度、水蒸气透湿系数、吸水率和燃烧性能等,其测试方法见 4.2 节。

5.3　应　　用

由于其优异的性能,挤出型聚苯乙烯(XPS)保温板普遍使用于公寓、大厦、厂房、小木屋的隔热保温,另外在屋顶 RC 结构更可搭配防水工程一起施工(倒置式工法,即 USD 法),兼具有保护防水层的功能。它也可作为冷冻、冷藏仓库最佳的保温材,可减少能源消耗,同时保护主结构免于低温破坏。它可用于建筑物地基回填土的保护板,用于保护防水层。它可有效阻绝地气的渗透,在高湿度的情况下,能有效产生防潮效果。目前,超高楼的深层地下室最底层及机场跑道已开始铺设 XPS 保温板,再灌上水泥,有效阻隔地气。另外它还可用于防潮地板内部阻绝物,保护建筑物免于湿气破坏。它还广泛使用于隔热砖、门板、榻榻米、天花板、轻质水泥隔间墙的内部主要结构,为良好的填充材。其产品达到降低成本、隔热、隔音、防潮、质轻、加工便利等特性。XPS 保温板高效的保温隔热功能,可减少自然资源的消耗,留给地球更清洁的环境。XPS 板材是一种具有优良性能的隔热保温材料,特别适用于各种建筑的保温隔热。其优越的保温性,能有效减少能源的使用,具有明显有效的节能效果,是符合国家"十一五"规划《纲要》的新型节能建材。

5.3.1　建筑保温领域

目前,我国城镇民用建筑运行耗电为我国总发电量的 22% ~24%,北方地区城镇采暖消耗的燃煤为中国非发电用煤的 15% ~18%。据介绍,在 2020 年前,我国每年城镇新建建筑的总量将持续保持在 $2×10^9 m^2$ 左右,到 2020 年,新增城镇民用建筑面积将为 $1.5×10^{10} m^2$ 左右。

由于人们生活水平提高,采暖需求线不断南移,新建建筑中将有 $7×10^9 m^2$ 以上需要采暖,以目前的建筑能耗水平,则每年需要增加 $1.4×10^8 t$ 标煤用于采暖,增加用电量 4 000 ~4 500 亿度,这对中国能源供应将产生巨大压力。根据近 30 年来能源界的研究,目前普遍认为建筑节能是各种节能途径中潜力最大、最为直接有效的方式,是缓解能源紧张、解决经济发展与能源供应不足的矛盾的最有效措施之一。

1. 墙体保温

建筑物的能源损耗一般发生在屋顶、门窗、墙壁、通风口、地板等部位,其中能源损失较大部分来源于墙体。为了有效减少墙体能源损失,达到保温效果,采用墙体保温措施是非常必要且有效的。

外墙外保温系统是建筑节能的重要组成部分,该技术于 20 世纪 70 年代初期在欧洲开始发展。70 年代初期第一次石油危机发生时,欧洲国家开始重视建筑节能技术的研究,如德国政府对私有房主给予经济上的补偿,鼓励其在建房时采用外墙外保温系统,这项措施对外墙外保温技术的发展起到了极大的促进作用。从 1973 ~1993 年,德国约有 $3×10^8 m^2$ 的新建建筑采用了外墙外保温系统,从而节约了大量冬季的供暖用油。

20 世纪 80 年代中期,我国开始进行外墙外保温技术的推广,20 世纪 90 年代初期,建设部和各省市加大了外墙外保温的推进力度,国内一些科研单位和企业也开发了各种外墙外保温技术。1996年,全国第一次建筑节能工作会议召开,对外保温技术起到了进一步的推进作用。目前,中国的外墙外保温市场正在日益繁荣。

外墙外保温系统既可用于新建工程,又适用于旧房改造,从而备受推崇。与此同时,外墙外保温系统还能保护建筑物结构,基本消除热桥影响,改善墙体的防水和透气性,延长建筑物的寿命,在达到相同保温效果的前提下,可相对减少保温材料用量或增加房屋的使用面积。外墙外保温技术已经成为我国建筑节能的生力军。

外墙外保温系统的优势在于使室内的温度和湿度在气候条件转换时更加稳定,显著提高了居住的舒适度。该系统通过保温材料的应用,可以明显地节约能源,同时通过减少建筑外墙的温度变化和湿气冷凝,减小了建筑物老化损坏的可能性。

外墙外保温系统主要由聚合物胶黏剂、XPS毛面保温板、界面处理剂、聚合物抹面砂浆、耐碱玻璃纤维网格布和机械固定件组成,如图5.2所示。

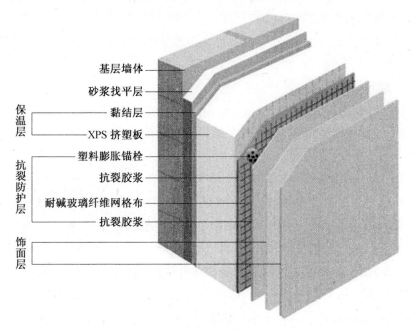

图5.2　外墙外保温系统

目前市场上主要有两种 XPS 板材,一种是带表皮的,另一种是不带表皮的(即毛面板)。在外墙外保温应用上,毛面的 XPS 板材可以提供更好的表面平整度,提高其与墙体基层、面层砂浆的黏结能力,而且毛面的 XPS 板材对界面处理剂的依赖性较低,可以大大降低施工现场界面剂漏涂带来的风险。有些 XPS 板材的品质较差,导致尺寸稳定性差,在环境中存放一段时间或经过环境温度变化后,容易产生大的翘曲变形,有可能引起抹面砂浆开裂。因此,应用于外墙外保温系统的 XPS 板材的尺寸稳定性必须严格控制在 1.5% 以下。

目前,应用于外墙外保温系统的 XPS 板材的型号主要有 W200 和 W300,其相关性能指标严格按照标准 GB/T 10801.2—2002 来执行。

2. 屋面保温

屋面保温系统主要有两种形式,即钢结构屋面和倒置式屋面。倒置式屋面是将防水层置于保温层之下,让防水层获得充分的保护,使防水层免受温差、紫外线和外力的破坏,使防水层表面温度变化幅度明显减小,避免防水层由于温度变化造成的破坏,同时使防水层免受紫外线照射、外界或人为撞击的破坏,给建筑物提供良好的防水保温功能,如图 5.3 所示。倒置式屋面不需要增设排气孔使施工变得简单,且不受气候的影响,是一种当前最理想的屋面保温系统,特别适合钢筋混凝土结构多功能屋面。

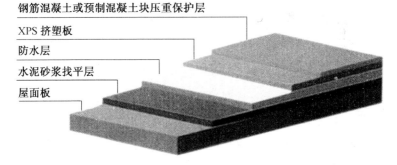

图 5.3 倒置式屋面保温系统

在钢结构屋面中使用 XPS 板材不仅会使钢结构屋面持久耐用,而且可以避免冷桥发生,保证建筑物内部不结露、不滴水,并可以增强结构的牢固性和隔音减噪功能。钢结构屋面保温系统如图 5.4 所示。

图 5.4　钢结构屋面保温系统

1—三元乙丙橡胶单层卷材防水系统;2—防水卷材专用机械固件;3—无
纺布隔离层;4—保温板专用机械固定件;5—钢结构专用 XPS 挤塑板;
6—改性沥青卷材隔气层;7—金属层面

3. 地面保温

通常在建筑物中有 15% ~ 20% 的热量是从建筑物地面散发的,对地面进行有效的保温隔热处理,从而避免冷凝结霜,给建筑物使用者一个舒适的环境就显得尤为重要。同时,从楼体结构安全的角度考虑,防止水蒸气从楼地面渗透、侵蚀也十分重要。

XPS 板材用作建筑物地面保温隔热材料有着其他材料无法比拟的优越性。XPS 板材的高抗压性能使其适用于各种建筑物地面的长期荷载要求,高抗水性使其能适应混凝土浇注等潮湿施工环境的要求,并在建筑物体长期使用过程中保持保温隔热性能恒定不变,广泛用于强化复合地板、实木多层地板、实木免漆刨地板的铺装。地面保温系统如图 5.5 所示。

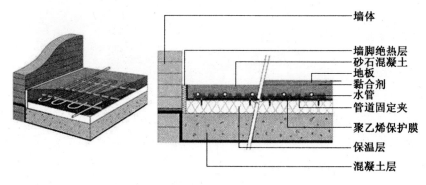

墙体
墙脚绝热层
砂石混凝土
地板
黏合剂
水管
管道固定夹
聚乙烯保护膜
保温层
混凝土层

图 5.5　地面保温系统

5.3.2　土工领域

冷库建筑内外环境温差大,水蒸气渗透压力严重,使应用于冷库建筑的保温材料面临极为严峻的考验。XPS 板材具有卓越的抗水蒸气渗透和抗压性能,使其在冷库建筑及冷藏车应用中更具有优势,可应用于地面、内外墙、屋顶或吊顶等,使冷库及冷藏车性能恒久不变,防止冷凝结露。冷库保温系统如图5.6 所示。

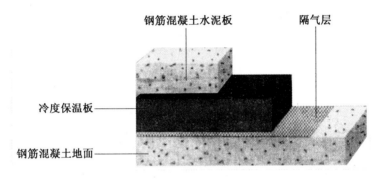

图 5.6　冷库保温系统

冷库用 XPS 板材的厚度一般要求为 100 mm、150 mm、200 mm,由于生产工艺的限制,目前多采用几块 XPS 板材叠加的方法以满足厚度的要求。同时,XPS 板材应用于冷库时,要求其-20 ℃下的热导率应该达到 0.022 W/(m·K),尺寸稳定性达到 1.5% 左右。冷库地面用 XPS 板材的压缩强度应大于 350 kPa,屋面用 XPS 板材的压缩强度应大于 250 kPa。

5.3.3　冷链物流领域

1. 公路工程

在高寒地区,由于天气的寒冷、水汽、冰霜等对地面的侵蚀使许多公路出现高低不平的问题,使得安全出现一系列的隐患。因此必须控制地面的冻胀。XPS 板材可以阻止水蒸气、冰霜等的渗透,使路基结冰情况降至最低,有效控制地面冻胀,延长其使用寿命。

交通部于 2004 年出台了公路工程用 XPS 板材的行业标准JT/T 538—2004,对其各项性能指标进行了严格的规定,其中增加了-30 ℃下的热导率和尺寸稳定性的要求,同时还提出了低温耐久性的要求,即冻融循环25次后XPS板材的压缩强度损失率不超过8%,尺寸变形不超过2%。

2. 铁路工程

我国已制定高速铁路发展宏伟目标,至2020年将建成约20 000 km的高速铁路,届时中国高铁总长度将占全世界一半以上。高强度XPS板材作为轨道板下有效的承重和弹性缓冲层可以减弱震动和噪音。目前,高强度XPS板材已成功应用于京沪线、石武线、京石线和沪杭线等高速铁路,其施工过程如图5.7所示。

图5.7　高强度XPS板材在铁路中的应用

铁道部于2009年出台了客运专线铁路CRTSⅡ型板式无砟轨道高强度挤塑板暂行技术条件,对其各项性能指标进行了严格的规定,其中压缩强度必须大于700 kPa,还增加了密度、闭孔率、剪切强度、弹性模量、断裂弯曲负荷、压缩蠕变、冻融循环300次后的吸水率等要求。

3. 渠道工程

南水北调工程中的输水渠道主要采用现浇混凝土衬砌防渗。然而,对于冬季气温较低、负温持续时间较长的地区,混凝土输水渠道存在严重的冻害问题,冻害将导致混凝土衬砌板出现冻胀开裂,直接影响了渠道的正常使用,严重制约了工程效益的发挥。因此,在寒冷地区应对渠道采取防冻胀措施。在南水北调东线南干渠工程中首次采用XPS板材作为渠道防冻胀材料,其结构如图5.8所示。

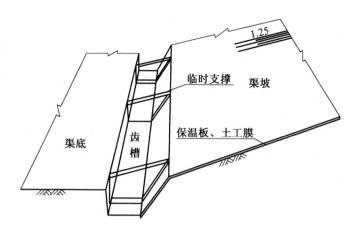

图 5.8　XPS 板材在渠道工程中的应用

　　挤塑聚苯板广泛应用于干墙体保温、平面混凝土屋顶及钢结构屋顶的保温,低温储藏地面、低温地板辐射地面、泊车平台、机场跑道、高速公路等领域的防潮保温,控制地面冻胀,是目前建筑业物美价廉、品质俱佳的隔热、防潮材料。

第6章 硬质聚氨酯泡沫塑料

6.1 简 介

聚氨酯泡沫塑料是以多元异氰酸酯和多元醇为主要原料,加入催化剂、发泡剂和表面活性剂等,在充分混合下反应形成的轻质发泡材料。发泡气体有时也可以是由异氰酸酯和水反应生成的二氧化碳。聚氨酯泡沫塑料具有整体密度小、比强度高、导热系数低以及耐油、耐寒、防震和隔音性能好等优点,并且加工简单,容易制得。在日常生活和国民经济各部门中得到广泛应用,其产量在各种泡沫塑料中名列前茅。

聚氨酯泡沫塑料按其生产原料不同可分为聚醚型和聚酯型;按制品的性能不同又可分为软质、半硬质和硬质泡沫塑料;按生产方法还可分为一步法和两步法(包括预聚法和半预聚法)。

硬质泡沫塑料多用多亚甲基多苯基多异氰酸酯或粗品甲苯二异氰酸酯为原料,所用多元醇聚合物的相对分子质量较低。

聚氨酯泡沫塑料的生产工艺有预聚法、半预聚法和一步法3种。预聚法是将过量的异氰酸酯与多元醇聚合物先制成端异氰酸酯基的预聚物,然后再与扩链剂或其余的多元醇聚合物反应。半预聚法与预聚法类似,仅预聚物的反应程度较低。预聚法和半预聚法适用于小批量生产,一步法则用于大批量的连续发泡或模型发泡。

6.2 性能及测试

6.2.1 性 能

1.力学性能

硬质聚氨酯泡沫塑料在很多场合下还不能完全满足工程上的要求,人们进行了大量研究来对其增强。传统泡沫塑料改性的基本思路是不改变聚合物的结构,在整个体系中加入适当助剂,方法主要有纤维增强、微粒增强、聚合物合金(互穿聚合物网络)、共混或共聚改性等。

(1)纤维增强

巴志新等人研究用直径 $10 \sim 15 \ \mu m$ 的无碱磨碎玻璃纤维增强聚氨酯硬质泡沫塑料,发现压缩强度随着玻璃纤维粒度的细化而增大,偶联处理后的玻璃纤维增强效果较好,认为玻璃纤维增强有结构增强和纤维增强两种机制。王建华等人通过扫描电子显微镜对直径 $10 \sim 20 \ \mu m$、长约 3 mm 的短切玻璃纤维填充的聚氨酯硬质泡沫塑料的泡孔结构和填料分散情况进行分析,发现压缩模量和压缩强度随玻璃纤维含量增加而增加。Andrzej 等人制得了用亚麻和黄麻织物增强的具有均匀微孔结构的聚氨酯基复合材料,发现增加纤维量可导致剪切模量和冲击强度的上升,但基体中微孔量增加会引起上述性能的下降。

(2)微粒增强

使用纳米材料增强聚氨酯硬质泡沫塑料的粒子主要包括纳米 $CaCO_3$、SiO_2、SiC 或 TiO_2、有机蒙脱土等,也可混合使用,还可原位产生纳米粒子作为改性剂。采用纳米粒子改性,一般是用超声波方法将粒子分散到体系中,在添加量较低时对拉伸、压缩强度和模量就有一定提高,且在一定范围内韧性不会有太大降低,但会引起体系黏度迅速增加,导致发泡困难。空心玻璃微珠也是增强聚氨酯硬质泡沫塑料的常用材料。据有关资料介绍,研究发现加入表面处理的直径 $10 \sim 100 \ \mu m$ 的玻璃微珠可使泡孔密度增加、直径变小,在一定范围内对材料有较好的增强作用。有研究发现加入粉末尼龙 1010 可提高硬质聚氨酯泡沫塑料的压缩、拉伸和冲击强度,5% 为临界添加量。也有研究人员用尼龙 66 纤维和 SiO_2 颗粒作为混合增强剂,可使泡沫材料的拉伸、压缩、冲击强度都明显提高。

(3)互穿网络共聚物增强

将异氰酸酯与环氧树脂、酚醛树脂或其他预聚物共混后再进行聚合发泡,可制得互穿网络共聚物,能明显提高材料的力学性能。曾黎明等人研究了聚氨酯/UP 树脂互穿网络硬泡体系,对其微观结构及制备工艺进行了初步探讨。胡运立等人研究了聚氨酯/环氧树脂互穿网络聚合物硬质泡沫塑料的力学性能,发现随环氧树脂含量增大,体系强度上升。

除上述领域外,人们还研究了聚氨酯硬质泡沫体系的密度和泡孔结构与强度的关系、泡沫塑料的断裂性能、压缩破坏行为等。杨建斌通过对聚氨酯硬泡发泡机理的分析,提出了泡沫密度的理论计算模型,建立了自由发泡密度与发泡剂量间的定量关系。Mark 等人用具有相对较高熔点和结晶熔的半结晶聚醚二元醇作为软段,制得了具有连续薄片形态的热塑性聚氨酯。这种高的表面结晶结构使材料具备突出的拉伸性能和弹性,硬度也有所增加。王小君等人介绍了氟化聚氨酯引入含氟链段的 3 种方法,即由聚氨酯硬段、聚氨酯软段和丙烯酸酯类单体引入,并介绍了氟化聚氨酯材料在硬质泡沫塑料领域的应用。梁成刚以聚醚多元醇、MDI、三聚催化剂(DMP-30)、发泡剂、匀泡剂等原料制备了聚氨基甲酸酯改性聚异氰脲酸酯(PU-PIR)硬质泡沫塑料,产品可长期在 150 ℃下使用并保证力学性能无明显下降,可广泛应用于工矿企业设备、管道及建筑业等的隔热保温。在成型工艺方面,泡沫反应注射成型是最常用的复杂形态聚氨酯泡沫的成型方法。Seo 等人建立了一个包括化学反应、发泡、充模的理论模型来分析泡沫反应注射过程,以此预测充模时的流场、前锋线、密度分配,发现前锋线的密度和热导率要高于初始填充区域。

2. 阻燃性能

聚氨酯泡沫材料属易燃材料,未处理的 PU 硬质泡沫塑料氧指数仅为 17 左右,且燃烧过程中放出 HCN、CO 等有毒气体,给灭火及火场逃生都带来很大困难。近年来我国相继开发了许多新型阻燃剂,如三氯乙基膦酸酯(TCEP)、三(2,3-二溴丙基)三聚氰胺酯(TBC)、甲基膦酸二甲酯(DMMP)等含磷、卤的有机阻燃剂,可将 PU 硬泡的氧指数提高到 26 左右。

聚氨酯泡沫的阻燃方式主要有反应型阻燃和添加型阻燃。前者是将阻燃元素磷或卤通过化学反应导入多元醇中使材料具有阻燃性,如国产 Ⅱ 型阻燃聚醚、601 聚醚等。磷在聚氨酯泡沫材料中含量为 1.5% ~ 2% 即可满足一般阻燃要求。含卤多元醇中,以氯桥酸为基础的反应产物聚酯多元醇和含卤聚醚多元醇是比较重要的两种。将磷和卤导入异氰酸酯同样可以起到阻燃作用。在燃烧过程中,卤素与磷形成的 PX_3 和 PX_5 以及 HX 和水汽等不燃性气体可降低燃烧区域的可燃气体和氧气的浓度,从而抑制燃烧。而且阻燃剂分解产生的卤自由基可捕捉(消除)高聚物燃烧的火焰反应(自由基连锁反应)

产生的 HO·自由基,使其浓度减小,抑制连锁反应,使燃烧速度减慢。另外,在阻燃剂的作用下,有时高聚物的热分解模式会发生改变,使分解出的可燃气体减少,从而达到阻燃目的。

添加型阻燃就是添加阻燃剂,添加方式有两种:一种是化学方法,包括合成新型耐热塑料、共聚法、接枝法和交联法;另一种是物理方法,包括添加阻燃剂、与阻燃聚合物共混、无机填料稀释法和防火材料覆盖法。胡胜利确定了低毒、低烟、高效的复合型阻燃剂,由固体、液体阻燃剂两部分组成,前者为有机(含卤、氮)阻燃剂和无机阻燃剂的混合物,后者为含卤、磷有机阻燃剂,制得了氧指数在 30 以上的高阻燃硬质聚氨酯泡沫。

3. 老化性能

高晓敏等人考察了密度为 0.35 g/cm³ 的硬质聚氨酯泡沫材料的长期储存情况,发现试件在用聚酯薄膜封装储存 10 年后,外观保持良好,密度基本无变化,压缩强度变化不大。刘元俊等人采用室内储存试验、人工加速湿热老化试验和红外光谱法研究了硬质聚氨酯泡沫在室内储存条件下的老化机理,认为酯基水解是材料压缩性能下降的主要原因。他们还考察了扩链剂、阻燃剂和增强剂(空心玻璃微珠)对材料老化性能的影响。

6.2.2 测 试

聚氨酯保温板的技术指标包括密度、抗压强度、闭孔率、吸水率、导热系数尺寸稳定性和氧指数等。聚氨酯保温板技术指标要求见表 6.1。

表 6.1 聚氨酯保温板技术指标要求

性 能	指 标
密度/(kg·m⁻³)	40~60
抗压强度/(kg·cm⁻²)	2.0~2.7
闭孔率/%	>93
吸水率/%	≤3
导热系数/(W·(m·K)⁻¹)	≤0.025
尺寸稳定性/%	≤1.5
使用温度/℃	−60~120
氧指数/%	≥26

硬质泡沫闭孔率测试原理——Accupyc 1340 型真密度仪测试闭孔率原理应属于"体积膨胀法"。根据波义耳-马略特定律,通过等温过程理想气体状态方程,用标准体积块标出两室体积,而后再通过两室体积计算出试样的不可透过体积 V_i,由 V_i 与输入的试样质量 G 之比,即可得到试样的密度 D。由于该密度计能测试出试样的不可透过体积(即泡沫塑料的骨架体积),由不可透过体积可计算出测试硬质泡沫塑料的闭孔体积分数。

6.3 应 用

6.3.1 喷涂硬泡聚氨酯外墙外保温体系

聚氨酯保温板外墙外保温系统主要由黏结层、保温层、护面层和饰面层构成,其基本构造如图 6.1 所示。

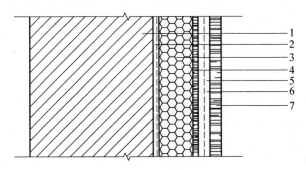

图 6.1 聚氨酯保温板外墙外保温系统基本构造

1—基层墙体;2—黏结砂浆;3—聚氨酯保温板;4、6—抹面胶浆;
5—增强网;7—饰面层

聚氨酯保温板外墙外保温系统采用粘贴和锚固相结合的固定方式,分为涂料饰面(缩写为 C 型)和面砖饰面(缩写为 T 型)两种类型。此保温系统集合了高保温性、防水性、易施工性、安全性于一体,是一种新型建筑外墙外保温系统。聚氨酯保温板外墙外保温系统性能指标要求见表 6.2。

表 6.2 聚氨酯保温板外墙外保温系统性能指标要求

项 目	性能要求
耐候性	80 次高温-淋水循环和 5 次加热-冷冻循环后,系统不得出现饰面层起泡或剥落、保护层空鼓或脱落等破坏,不得产生渗水裂缝;具有抹面层的系统,抹面层与保温层的拉伸黏结强度不得小于 0.2 MPa,且破坏部位应位于保温层。
抗风压值	系统抗风压值不小于风荷载设计值,安全系数 K 应不小于 1.5
耐冻融性能	30 次冻融循环后,保护层无空鼓、脱落,无渗水裂缝;保护层与保温层的拉伸黏结强度不小于 0.2 MPa,破坏部位应位于保温层
抗冲击强度	普通型≥3.0 J,适用于建筑物 2 层以上墙面等不易受碰撞部位;加强型≥10.0 J,适用于建筑物首层以及门窗洞口等易受碰撞部位
吸水量	水中浸泡 1 h,只带有抹面层和带有全部保护层的系统,吸水量均 <1.0 kg · m^{-2}
抹面层不透水性	抹面层 2 h 不透水
水蒸气湿流密度	≥0.85 g/(m^2 · h)

1. 黏结砂浆

黏结砂浆专用于把聚氨酯保温板粘贴到基层墙体上的工业产品。其产品的形式有两种,一种是在工厂生产的液状胶黏剂,在施工现场加入一定比例的水泥,搅拌均匀就可使用;另一种是在工厂里预混合好的干粉状胶黏剂,在施工现场只需要加入一定比例的水,搅拌均匀即可使用。黏结砂浆的性能指标应符合表6.3的要求。

表 6.3 黏结砂浆的性能指标

项 目	性能指标
拉伸黏结强度(与水泥砂浆)	原强度≥0.60 MPa;耐水强度≥0.40 MPa
拉伸黏结强度(与聚氨酯保温板)	原强度≥0.20 MPa,且破坏界面在聚氨酯保温板上;耐水强度≥0.20 MPa,且破坏界面在聚氨酯保温板上;耐冻融强度≥0.20 MPa,且破坏界面在聚氨酯保温板上
可操作时间	1.5~4.0 h

2. 聚氨酯保温板

聚氨酯保温板产品结构为两面覆有柔性耐碱防水衬布的易粘贴,中间为聚氨酯硬泡的保温板三层复合体系,可以不需要外加胶黏剂,在自动化连续生产线上生产。由于具有易粘贴的界面,保温板通过黏结砂浆与基层牢固结合,也可以与抹面胶浆牢固结合。聚氨酯保温板具有导热系数低、机械强度好、在发泡过程中自黏结强度高等特点,是一种新型建筑外墙外保温材料。聚氨酯保温板的性能指标应符合表 6.4 的要求。

表 6.4　聚氨酯保温板的性能指标

项　目	性能指标
外观质量	板面切口板面平整,无明显缺陷、翘曲、变形,切口平直,切面整齐无毛刺、面层和泡沫层黏结牢固
表观密度/(kg·m^{-3})	≥40
导热系数((23±2)℃)/(W·(m·K)$^{-1}$)	≤0.023
拉伸强度/kPa	≥200
断裂延伸率/%	≥5
吸水率/%	≤4
尺寸稳定性(48 h)/%	≤2.0(80 ℃)
	≤1.0(-30 ℃)
阻燃性能平均燃烧时间/s	≤70
平均燃烧范围/mm	≤40
烟密度等级(SDR)	≤75
拉伸黏结强度(与面层材料)/kPa	≥200

3. 抹面胶浆

聚合物抹面胶浆的产品形式有两种,一种是在工厂生产的液状胶黏剂,在施工现场加入一定比例的水泥,搅拌均匀就可使用;另一种是在工厂里预混合好的干粉状胶黏剂,在施工现场只需加入一定比例的水,搅拌均匀即可使用,薄抹在粘贴好的聚氨酯保温板表面,与耐碱玻璃纤维网复合,用以保证系统的防水性、抗开裂和抗冲击性能。抹面胶浆的性能指标符合表 6.5 的要求。

表 6.5　抹面胶浆的性能指标

项　目	性能指标
拉伸黏结强度/MPa (与聚氨酯保温板)	原强度≥0.20 MPa 且破坏界面在聚氨酯保温板上, 耐水强度≥0.20 MPa
柔韧性,抗压/抗折	≤3.0
抗折强度/MPa	≥7.5
可操作时间/h	1.5~4.0

4. 耐碱玻璃纤维网布

耐碱玻璃纤维网布,由耐碱玻璃纤维纱织造,并经有机材料涂覆处理的网布,埋入抹面胶浆中,形成薄抹灰增强防护层,用以提高防护层的机械强度和抗裂性。耐碱玻璃纤维网布的主要性能指标应符合表 6.6 的要求。

表 6.6　耐碱玻璃纤维网布的主要性能指标

项　目	性能指标
单位面积质量/(g·m^{-2})	≥160
耐碱断裂强力(经、纬向)/(N·(50 mm)$^{-1}$)	≥750
耐碱断裂强力保留率(经、纬向)/%	≥50
断裂应变(经、纬向)/%	≤5.0

5. 热镀锌钢丝网

热镀锌钢丝网(俗称四角网)用于面砖饰面的系统,性能指标应符合《镀锌电焊网》(QB/T 3897—1999)并满足表 6.7 的要求。

表 6.7　热镀锌钢丝网的主要性能指标

项　目	性能指标
工艺热镀锌电焊网丝直径/mm	0.7±0.04
网孔大小/mm	12.7×12.7
焊点抗拉力/N	>40
镀锌层质量/(g·m^{-2})	≥122

6. 锚栓

金属螺钉应采用不锈钢或经过表面防腐处理的金属制成,塑料钉和带圆盘的塑料膨胀套管应采用聚酰胺、聚乙烯或聚丙烯制成,制作塑料钉和塑料套管的材料不得使用回收的再生材料。锚栓有效锚固深度不小于 25 mm,塑料圆盘直径不小于 50 mm,套管外径 8 ~ 10 mm。单个锚栓抗拉承载力标准值大于等于 0.30 kN。

7. 涂料

涂料必须与外保温系统相容,其性能指标应符合外墙建筑涂料的相关标准,宜选用厚质弹性涂料和砂壁状涂料。

8. 面砖、面砖黏结砂浆及面砖勾缝料

面砖、面砖黏结砂浆及面砖勾缝料的各项指标都应符合国家和省有关标准的规定,面砖黏结砂浆、面砖勾缝料需满足压折比小于等于 3 的技术要求,且面砖质量不应大于 20 kg/m², 单块面砖面积不宜大于 0.01 m²。

6.3.2 夹心板

硬质聚氨酯泡沫塑料板材质量轻、强度高、绝热效果好,是理想的建筑材料,用于屋面隔热、冷库等。这种板材大多覆有面层,是以硬泡为芯材的夹心板材或称复合板材,面层软、硬质材料均可。软质材料有牛皮纸、聚乙烯涂层牛皮纸、沥青纸、玻璃纤维织物、沥青玻璃纤维织物、铝箔等。硬质面材有钢板(平板及型材)、碎木料胶合板、粗纸板、灰泥板、增强水泥板、矿棉板、珍珠岩板、石膏板等。

复合板材加工方法大致分为连续复合成型法、非连续复合成型法、硬泡块料切割法等。

1. 连续性聚氨酯板材

利用大型机器设备把聚氨酯泡沫材料叠铺在连续移动的基板上,然后再把上面板置于正在起发的泡沫上,最后,在固化传送带上经短暂几分钟的固化后,即成泡沫带面板的合成板,板长可按要求切割。连续性聚氨酯板材生产线如图 6.2 所示。

硬面合成板由一个硬面和一个软面或两个硬面层组成。典型的硬软面合成板由胶合板和沥青毡面组成,可用作屋顶结构。典型的双硬面合成板是用钢面板,主要应用在某些领域,如房屋和冷库建筑,一条比较先进的生产线可

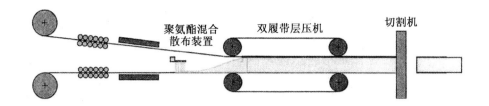

图 6.2　连续性聚氨酯板材生产线

以以 14 m/min 的速度生产厚度为 20～60 mm 的板材,一座现代化工厂的年产量将超过 $1×10^6$ m²。不过,双面金属板生产线价格昂贵,投资大,适合于少品种大批量生产。对于少量生产,最有效途径还是非连续板生产方法。

连续板材主要用于工业建筑物(如工业厂房)、建筑物隔热保温、建筑外墙保温防水装饰一体化板、卷帘门板、冷库、中央空调风管等。板材的厚度一般为 20～150 mm。

2. 非连续法生产聚氨酯板材

非连续法也称为间歇法,适用于生产速率无需太高,或较厚的、尺寸较大、结构较复杂的板材的加工。在非连续板材的生产过程中,硬质泡沫材料是填充在两个面板之间,整个泡沫材料在一定的压力下膨胀和硬化。面板可为钢、铝合金、胶合板、纤维板、粗纸板、灰泥板、水泥板或玻璃纤维增强聚酯板。此外这种板可以安装边框(如木制),还可制有内空腔、导线管或导线以及固定装置,以便日后易于安装。聚氨酯泡沫塑料具有优异的绝热性,可密封所有的间隙并能牢固地与面板黏结,故可制成强度大、质量轻的结构。聚氨酯泡沫填充有许多工艺方法,对于闭模时,单点或多点注料或喷枪抽拉注料;当采用开模时,可采用移动注料。压机注入法工作原理如图 6.3 所示。计量泵把化学原料打入混合头,混合均匀后,从模具注料孔把原料注入模具空腔。模具空腔内已事先安放了面材,发泡、熟化后,即可从模具中取出板材。

根据应用需要,选用平面或凹凸形面材作为复合板的面层,模具边框条在泡沫加工完毕后即卸去,可反复使用。其截面设计成凸缘和凹槽相配合的形状,这样,复合板材边缘也形成相应的凹凸形,装配时很方便,并能消除"冷桥",提高绝热效果。

压机注射法的泡沫反应物料,过填充量一般为 10%～15%。压机的选择取决于生产效率。轻型压机夹紧力约为 100 kPa,能满足大多数板材生产的需

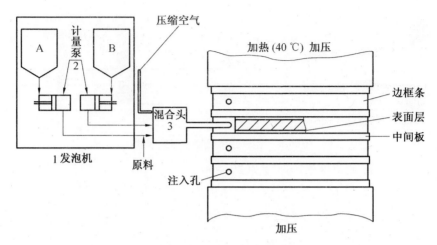

图 6.3　压机注入法工作原理

要。模具中间设有隔板,故一次发泡可得数块板材。生产中温度控制很重要,
这关系到硬泡的性能及泡沫与面层材料的黏结性。注料时,面层材料的温度
以 35 ~ 45 ℃为宜,具体最佳温度范围取决于面层材料的热导率大小及泡沫反
应物料体系的特性。泡沫在压机中保持最大压力的时间,除与原料体系有关
外,很大程度上取决于泡沫芯层的厚度及过填充程度。为防止板材离开压机
后变形,一般说来,每 1 cm 厚硬泡在压机中保压时间为 2 ~ 3 min。生产中,对
保压时间应留有一定的安全系数。因为生产环境条件很难绝对恒定,多少会
有一些变化。例如,泡沫厚为 50 ~ 75 mm,板材尺寸为 3 m×1.2 m,生产周期
约 15 min,其中注料时间约 10 s。对于较长的板材,如房屋侧墙板、大型冷藏
车的侧壁板,可用分区浇注法,每一分割区都有浇料口。发泡区大小以适合发
泡机注料为前提。非连续板材生产用压力机如图 6.4 所示。

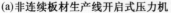

(a)非连续板材生产线开启式压力机　　　　　　(b)非连续压力机

图 6.4　非连续板材生产用压力机

非连续性板材在建筑部门有极广泛用途,特别是冷库、外墙保温装饰一体化板以及活动房屋。为了满足发泡剂、密度、阻燃性和制造工艺的要求,所用聚氨酯泡沫材料系统可随情况而改变。

第7章 酚醛泡沫塑料

7.1 简 介

酚醛泡沫塑料是以酚醛树脂为主要原料,加入固化剂、发泡剂及其他辅助组分,在树脂交联固化的同时,发泡剂产生气体分散其中而发泡形成泡沫塑料。

酚醛泡沫塑料(Phenolic Foams)是一种性能优越的防火、隔热、隔音、轻质节能产品,其导热系数低,密度最低仅为 30 ~ 40 kg/m³。该泡沫的难燃程度是目前广泛使用的聚苯乙烯、聚氨酯等泡沫所远远不及的,25 mm 厚的酚醛泡沫塑料平板经受 1 700 ℃ 的火焰喷射 10 min 后,仅表面略有炭化却没有被烧穿,既不会着火更不会散发浓烟和毒气。

酚醛泡沫塑料被誉为“保温之王”,早期应用于导弹及火箭头的保温方面。近些年来,由于高层建筑、交通运输、舰船、航空、空间技术等方面对合成泡沫塑料的热稳定性和耐燃性提出了严格要求,使得酚醛泡沫塑料得到广泛关注和迅速发展。现在,酚醛泡沫塑料作为一种新型的多用途泡沫材料,以其耐热、难燃、自熄、耐火焰穿透、遇火无低落物和防止火灾蔓延的阻火性能等优点,引起了人们的高度重视。人们重新认识到利用它的耐燃性制成绝热保温材料在高层建筑、高温隔热、超低温保冷材料具有重要的实用价值,其作为理想的隔热保温材料将会得到更为广泛、更为迅速的发展,因此它具有广阔的市场前景,是安全、经济、绿色的新型建筑材料。

1942 年,酚醛泡沫塑料已在实验室制成。二战初期,德国将酚醛泡沫塑料用于航空工业,作为轻木的代替品。同期,英国的泡沫橡胶公司也研制出酚醛泡沫塑料,主要用于漂浮方面。1945 年,美国的联合碳化物(UCC)公司开始对低密度酚醛泡沫塑料及其树脂的生产技术进行研究。

湿法酚醛泡沫塑料主要用作绝热材料,例如以板材和夹芯嵌板的形式用于建筑业,用于制造保温货车、卡车和船舱。另外还可用于低温绝缘方面的研究。例如,湿法酚醛泡沫塑料可作吸音板;特别适于制造泡沫碳,此泡沫碳可耐 3 300 ℃的高温,是一种非常好的耐火绝缘材料;玻璃纤维增强的酚醛泡沫塑料可作为盛有可裂变材料容器的包装材料。例如,密度为 96 kg/m³ 的玻璃纤维/酚醛泡沫塑料在运输中可对盛有六氟化铀的钢瓶起保护作用,一方面防震,另一方面在高达 1 200 ℃的情况下,有效防止火灾发生。而用硼酸-草酸作固化剂制得的泡沫塑料还可大大衰减中子流。在美国酚醛泡沫塑料还大量用于鲜花展览和运输,将鲜花插入吸饱水的酚醛泡沫塑料中可延长花卉的寿命。

干法酚醛泡沫塑料可用于隔音隔热,例如铝板/低密度泡沫复合件可作为战车的隔板,将发动机包围起来,以减少热和噪音对车内人员的危害。铝板/高密度泡沫复合件可作为战车的吊篮底盘,以减轻质量。其他用途同湿法酚醛泡沫塑料。

7.2 性能及测试

7.2.1 性 能

①酚醛泡沫塑料密度低、质量轻。通过调整发泡剂及填充料用量,可制得密度为 30 ~ 300 kg/m³ 的泡沫,其密度最低可达 20 kg/m³。荷兰生产的酚醛泡沫塑料闭孔率达 95%,压缩强度高达 150 ~ 240 kPa。

②由于酚醛泡沫塑料具有均匀微细的闭孔结构,所以其导热系数低,有良好的保温作用,与聚氨酯泡沫塑料相当(约为 0.022 W/(m·K)),优于聚苯乙烯泡沫塑料(约为 0.40 W/(m·K))。近期研制出导热系数仅为 0.017 5 W/(m·K)的酚醛泡沫塑料。

③与其他有机泡沫相比,酚醛泡沫塑料的使用温度范围大,该泡沫在 -196 ℃的低温下各种性能无变化,在 200 ℃没有明显收缩,其持续耐热温度为 160 ℃,见表 7.1。

④防火性能优异。防火性能主要由临界氧指数及燃烧结果来表征。酚醛泡沫塑料与其他有机泡沫相比,临界氧指数高,产烟量低且无有害气体。作为

建筑材料,抗火焰穿透是重要指标,酚醛泡沫塑料体在火焰直接作用下具有结炭、无滴落物、无卷曲、无熔化现象,表明经过火焰燃烧,泡沫体基本保留,只是表面形成一层"石墨泡沫"层,有效地保护了层内的泡沫结构,其抗火焰穿透时间可达 1 h 以上。几种泡沫防火性能比较见表 7.2。

表 7.1　几种泡沫耐温性能比较

项目　材料	PS 泡沫	PU 泡沫	PF 泡沫	UF 泡沫	PVC 泡沫
最高使用温度/℃	300	120	160	100	60
临界状态	70 ℃收缩	140 ℃软化	210 ℃变色	130 ℃收缩	80 ℃收缩

表 7.2　几种泡沫防火性能比较

项目　材料	PS 泡沫	阻燃 PU 泡沫	PF 泡沫	阻燃 PF 泡沫	PVC 泡沫
临界氧指数	18 ~ 21	25	50	70	—
最大烟密度	203.3	74.0	5.0	5.0	384.0

⑤泡沫尺寸稳定性好。酚醛泡沫塑料在 100 ℃下放置两天,仅在开始几小时收缩0.3%,以后便保持稳定。酚醛泡沫塑料线膨胀系数小,近似于铝合金。因此使用中不会出现因膨胀系数不同而产生脱层破裂现象。

⑥酚醛泡沫塑料具有良好的耐酸性和耐溶剂性。

7.2.2　测　试

酚醛泡沫塑料保温板技术性能指标包括表观密度、导热系数、压缩强度、垂直于板面方向的抗拉强度、吸水率、透湿系数、尺寸稳定性和燃烧吸能。其性能指标要求见表 7.3。

表 7.3　酚醛泡沫塑料保温板性能指标要求

项　目	指标要求	试验方法
表观密度/(kg·m⁻³)	≥45	GB/T 6343
导热系数(25 ℃)/(W/(m·K)⁻¹)	≤0.035	GB/T 10294
压缩强度/MPa	≥0.10	GB/T 8813

续表7.3

项　　目	指标要求	试验方法
垂直于板面方向的抗拉强度/kPa	≥80	JG 149
吸水率(浸水96 h)/%	≤7.5	GB/T 8810
透湿系数/(ng·(Pa.m.s)$^{-1}$)	2~8	GB/T 17146
尺寸稳定性((70±2)℃)/%	≤1.5	GB/T 8811
燃烧性能	B1/B 级	GB/T 8624

7.3　应　　用

由于酚醛泡沫塑料具有上述优异性能,价格又低于其他有机泡沫,而且随着人们对材料耐火性及难燃性要求的提高,在某些领域得到广泛应用。目前酚醛泡沫塑料主要用于以下几个方面:

(1)建筑业

酚醛泡沫塑料防火性能优异、价廉、安全、轻质,在建筑业中应用前景十分诱人,如用于屋顶保温层、天花板、办公室隔板及隔音屏风。经玻璃纤维增强的酚醛泡沫塑料可用作地板材料。隔热用酚醛泡沫塑料与钢、铝复合做成夹心板材,不但具有优异的隔热性能,而且保留了金属材料所特有的强度,广泛应用于厂房、冷库、易燃品仓库内外墙及吊顶。用玻璃纤维与丙烯酸乳胶做面,以酚醛泡沫塑料做芯的夹层板材表面光滑柔软,可防潮、防水、隔热。国内外酚醛防火保温材料的应用情况如下:

美国:隔音保温防火泡沫塑料40%使用酚醛材料;日本:在公共建筑领域大量使用酚醛泡沫塑料,颁布"酚醛泡沫塑料作为标准建筑物耐燃材料"法令;法国、北欧:建筑部门认为只有酚醛泡沫塑料有较好的防火性,普遍用于大型公寓;俄罗斯、东欧:广泛将酚醛泡沫塑料用在公共建筑中;英国、西欧、中东:新建工程优先采用酚醛泡沫塑料保温塑料;中国:在奥运会"水立方"、北京地铁、世博会展馆等大型公共建筑中,使用酚醛泡沫塑料作为保温空调风管。

（2）船舶建造业

用作渔船冷藏舱和液化天然气运输船的酚醛泡沫塑料隔热材料，在－196 ℃到室温约200 ℃的温差下保持效果良好，同时可以减轻船体自重，增加承载能力。此外，由于海上火灾救助能力差，阻燃性及机械强度好的酚醛泡沫塑料已被应用于英国防御体系中舰船及潜水艇的建造。

（3）石油化工业

由于酚醛泡沫塑料导热系数低，防火性能及耐化学品性能好，可应用于石油化工的容器、设备和管道保温，还可用于蒸汽管道保温。

第8章 脲醛泡沫塑料

8.1 简 介

脲醛泡沫(简称 UF)塑料,又名氨基泡沫塑料,是以脲醛树脂液为主体基料,加入起泡剂、乳化剂、硬化剂等助剂构成起泡液,通过化学起泡或机械打泡法制成。

脲醛泡沫塑料是一种低密度、高发泡的轻质材料。根据发泡倍数的不同,泡沫塑料可分为高发泡与低发泡;根据泡沫体质的软硬程度可分为硬泡沫、半硬泡沫和软质泡沫;按泡孔结构可分为开孔型泡沫和闭孔型泡沫。开孔型泡沫是泡孔之间相互连通、相互通气,发泡体中气体与聚合物相间呈连续性,流体可从发泡体内通过,其产品环保、可降解、耐老化、通风性好、保温隔热,可防止水分、养分流失,吸水率高达99%。闭孔型泡沫是泡孔孤立存在,均匀地分布在发泡体内,互不连通,气泡完整无破碎,其产品保温隔热、高阻燃、耐水性好、耐老化、压缩强度(相对变形)小、抗拉强度高、抗风压好。

脲醛泡沫塑料是保温隔热材料中应用历史较久的一种泡沫塑料。它具有阻燃性好、容重低和泡沫合成价格极低等优点,加之近几年生产技术在原有水平基础上已有所改进,该产品仍然是一种较有发展前途的绝热保温材料,特别是在建筑业中是一种极具发展前景的隔热材料,在建筑工程中主要用于夹层中作为保温、隔热、吸声材料。

8.2 性能及测试

8.2.1 性 能

(1)耐冷热性能

将脲醛泡沫塑料试样在 130 ℃、12 h,−30 ℃、12 h,交替处理 1 年试验,强度和泡孔结构均未发生任何变化。脲醛泡沫塑料试样用熔点测定仪测得分解温度为 220 ℃,实际分解温度为 215～235 ℃。

（2）燃烧性能

脲醛泡沫塑料在 1 000～1 500 ℃的本生灯火焰上加热时立即分解,立刻离开火陷后不继续分解,并不产生任何辉光。直接接触火焰的试样品,边缘发生严重收缩,但是泡沫不发生"闷烧",离开火焰后不继续分解,并不产生任何辉光,因此脲醛泡沫塑料被定为难燃材料。

（3）耐化学性能

脲醛泡沫塑料试样在温度为 20 ℃,浸泡 21 d,在以下药品中不发生变化: 25% 的氯化铵、碳酸钠、氯化钠、甲醛、乙醛、甲醇、乙醇、乙酸、丙酸、丁酸、氯仿、二丁基膦酸酯等。

（4）热绝缘性

脲醛泡沫塑料导热系数低,并且性能稳定。脲醛泡沫塑料的热导率随温度和泡沫密度的变化而变化,见表8.1。

表 8.1　脲醛泡沫塑料的热导率随温度和泡沫密度变化关系

温度/℃	泡沫密度/$(kg \cdot m^{-3})$	热导率/$(W \cdot (m \cdot K)^{-1})$
25	10.0	0.026 7～0.027
35	10.0	0.031～0.031 4
45	10.0	0.036
25	11.0～11.2	0.025～0.025 5
35	11.0～11.2	0.037 7～0.034
45	11.0～11.2	0.036
25	18	0.029～0.029 1
35	18	0.036
45	18	0.038～0.038 4

（5）耐微生物性能

在一般温度和湿度条件下,脲醛泡沫塑料不会促进真菌繁殖,而且具有一定的杀菌作用,例如将真菌(如毛霉菌和曲霉菌)注入脲醛泡沫塑料中,很短时间就会死亡。

（6）吸音性能

脲醛泡沫塑料的吸音性与声波的频率有关,钻有小孔的脲醛醛泡沫塑料对频率为 800 ~ 3 200 Hz 的声音吸收效果最佳,吸音率可达 70% ~ 95%,见表 8.2。

表 8.2　脲醛泡沫塑料在不同频率下的吸音率

泡沫塑料厚度/cm	不同频率下的吸音率/%						
	100 Hz	200 Hz	400 Hz	800 Hz	1 600 Hz	3 200 Hz	6 400 Hz
3	9	23	58	70	89	78	77
4	10	34	78	85	93	86	79
5	12	44	83	92	95	92	83

8.2.2　测　试

脲醛泡沫保温隔热材料的技术指标包括表观密度、压缩强度、质量吸水率、导热系数、尺寸稳定性、氧指数和燃烧性能。其测试方法见 4.2 节。

8.3　应　用

脲醛泡沫塑料的主要应用有以下几个方面:

①在建筑工程中用于空心墙体夹层中或绝热层的填充保温、隔热、吸声材料等,如保温砖、保温空心砖、保温混凝土材料、保温砂浆材料、保温夹芯板系列材料、屋面及地面的保温材料等。

②广泛用于影剧院、电台、电视台、文化宫等播音室的隔音建筑。

③用于石油化工的储罐、密封容器、客车车厢、船舶等隔热保温。

附录1 有机保温材料及应用技术规程一览表

附表1.1 有机保温材料及应用技术规程

产品标准	标准号
喷涂聚氨酯硬泡体保温材料	JC/T 998—2006
绝热用挤塑聚苯乙烯泡沫塑料	GB/T 10801.2—2002
公路工程保温隔热挤塑聚苯乙烯泡沫塑料板	JTT 538—2004
硬泡聚氨酯板薄抹灰外墙外保温系统材料	JG/T 420—2013
聚氨酯硬泡复合板	JG/T 314—2012
试验方法标准	标准号
膨胀聚苯板薄抹灰外墙保温系统	JG 149—2003
胶粉聚苯颗粒保温浆料外墙外保温系统	JG 158—2004
建筑外墙外保温系统的防火性能试验方法	GB/T 29416—2012
建筑材料难燃性试验方法	GB/T 8625—2005
泡沫塑料和橡胶表观(体积)密度的测定	GB/T 6343—1995
泡沫塑料和橡胶线性尺寸的测定	GB/T 6342—1996
硬质泡沫塑料尺寸稳定性试验方法	GB/T 8811—2008
绝热材料稳态热阻及有关特性的测定(防护热板法)	GB/T 10294—1988
硬质泡沫塑料压缩性能的测定	GB/T 8813—2008
硬质泡沫塑料吸水率的测定	GB/T 8810—2005
建筑材料及制品燃烧性能分级	GB/T 8624—2006
建筑材料可燃性试验方法	GB/T 8626—2007
建筑材料燃烧或分解的烟密度试验方法	GB/T 8627—2007
建筑材料水蒸气透过性能试验方法	GB/T 17146—1997
应用技术规程	标准号
复合材料保温板外墙外保温系统应用技术规程	JGT 045—2011
难燃型挤塑聚苯板建筑外保温系统应用技术规程	DBJ 50/T—159—2013

续附表 1.1

产品标准	标准号
外墙外保温施工技术规程（聚苯板玻璃纤维网格布聚合物砂浆做法）	DBJ/T 01—38—2002
外墙外保温施工技术规程（聚苯板增强聚合物砂浆做法）	DB11T 584—2008
复合硬泡聚氨酯板建筑外保温系统应用技术规程	DBJ50/T—159—2013
EPS 板外墙外保温技术规程	DB21/T 1271—2003
XPS 保温装饰复合板外墙外保温工程技术规程	DB21/T 1845—2010
硬泡聚氨酯保温防水工程技术规程	GB 50404—2007
复合硬泡聚氨酯板建筑外保温系统应用技术规程	DBJ50/T—158—2013
外墙外保温工程技术规程	JGJ 144—2008
酚醛泡沫塑料板外墙外保温技术规程	DB21/T 2171—2013
保温装饰复合板外墙外保温工程技术规程	DB21/T 1844—2010
夹芯墙脲醛树脂现场发泡保温技术规程	DB21/T 2157—2013
夹芯墙聚氨酯硬泡浇注保温技术规程	DB21/T 2158—2013
聚苯板混凝土复合保温砌块填充墙技术规程	DB21/T 1572—2008
硬泡聚氨酯外保温工程技术规程	DB21/T 1463—2006

附录 2　外墙挤塑板保温施工方案实例

1. 工程概况

沈阳某楼盘占地面积 76 000 m²,是由 10 个高层建筑和一个多层建筑组成的高层商、住楼群。本工程总建筑面积为 365 000 m²。本工程高层楼体外墙拟采用挤塑聚苯乙烯泡沫板为主要保温隔热材料,以粘、钉结合方式与墙身固定,抗裂砂浆复合耐碱玻璃纤维网格布为保护增强层,涂料饰面的外墙保温系统。

(1)材料组成

挤塑聚苯乙烯泡沫板规格为 1 200 mm×600 mm×40 mm,平头式,阻燃型,表观密度为 25 ~ 32 kg/m³,尺寸收缩率小于 1.5%,吸水率小于 1.5%。

(2)专用聚合物黏结、面层砂浆

专用聚合物黏结、面层砂浆厂家已配制好,现场施工时加水,用手持式电动搅拌机搅拌,质量比为水∶聚合物砂浆等于 1∶5,可操作时间不小于 2 h。

(3)固定件

采用自攻螺栓配合工程塑料膨胀钉固定挤塑聚苯乙烯泡沫板,要求单个固定件的抗拉承载力标准值不小于 0.6 kN。

(4)耐碱玻璃纤维网格布

耐碱玻璃纤维网格布用于增强保护层抗裂及整体性,孔径 4 mm×4 mm,宽度 1 000 mm,每卷长度 100 000 mm。

(5)聚乙烯泡沫塑料棒

聚乙烯泡沫塑料棒用于填塞膨胀缝,作为密封膏的隔离背衬材料,其直径按照缝宽的 1.4 倍选用。

2. 施工要求及条件

①经业主、监理、总包、外保温施工单位联合验收,该楼盘外墙体(可分段进行)垂直、平整度满足规范要求,门窗框安装到位,飘窗、阳台栏板、挑檐等突出墙面部位尺寸合格,办理交接单后即可进行施工。

②雨天施工时,必须采取有效防雨措施,防止雨水冲刷刚施工完但黏结砂浆或面层聚合物砂浆尚未初凝的墙面。

③施工现场环境温度及找平层表面温度在施工中及施工后 24 h 内均不得低于 5 ℃,风力不大于 5 级。

④外墙保温伸缩缝沿建筑物高度每 6 层设置一道,即在 6 层、12 层、18 层、24 层的大墙面设 10 mm 宽水平分格缝,飘窗及阳台处不设。其具体设置位置为:分格缝的上口与该层飘窗窗台底面保温层的底面等标高。

3. 施工工具

施工工具包括电热丝切割器或壁纸刀(裁挤塑板及网格布用)、电锤(拧胀钉螺钉及打膨胀锚固件孔用)、根部带切割刀片的冲击钻钻头(为放固定件打眼用,切割刀片的大小、切入深度与膨胀钉头一致)、手持式电动搅拌器(搅拌砂浆用)、木锉或粗砂纸(打磨用)及其他抹灰专用工具。

4. 施工流程

施工流程如附图 2.1 所示。

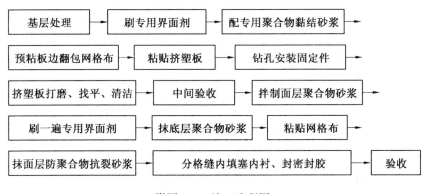

附图 2.1 施工流程图

(1)基层清理

①清理混凝土墙面上残留的浮灰、脱模剂油污等杂物及抹灰空鼓部位等。

②剔除剪力墙接槎处劈裂的混凝土块、夹杂物、空鼓等,并重新进行修补;窗台挑檐按照 2% 用水泥砂浆找坡,外墙各种洞口填塞密实。

③要求粘贴挤塑板表面平整度偏差不超过 4 mm,超差时对突出墙面处进行打磨,对凹进部位进行找补(需找补厚度超过 6 mm 时用 1∶2.5 水泥砂浆抹灰,需找补厚度小于 6 mm 时由保温施工单位用聚合物黏结砂浆实施找补),以确保整个墙面的平整度在 4 mm 内,阴阳角方正、上下通顺。

（2）配制砂浆

①施工使用的砂浆分为专用黏结砂浆及面层聚合物抗裂砂浆。

②施工时用手持式电动搅拌机搅拌，拌制的黏结砂浆质量比为水：砂浆＝1：5，边加水边搅拌，搅拌时间不少于 5 min，搅拌必须充分、均匀，稠度适中，并有一定黏度。

③砂浆调制完毕后，必须静置 5 min，使用前再次进行搅拌，拌制好的砂浆应在 1 h 内用完。

（3）刷专用界面剂

为增强挤塑板与黏结砂浆的结合力，在粘贴挤塑板前，在挤塑板粘贴面薄薄涂刷一道专用界面剂。待界面剂晾干后方可涂抹聚合物黏结砂浆进行墙面粘贴施工。

（4）预粘板边翻包网格布

在飘窗板、挑檐、阳台、伸缩缝等位置预先粘贴板边翻包网格布，将不小于 220 mm 宽的网格布中的 80 mm 宽用专用黏结砂浆牢固粘贴在基面上（黏结砂浆厚度不得超过 2 mm），后期粘贴挤塑板时再将剩余网格布翻包过来。

（5）粘贴挤塑板

①施工前，根据整个外墙立面的设计尺寸编制挤塑板的排板图，以达到节约材料、加快施工速度的目的。挤塑板以长向水平铺贴，保证连续结合，上下两排板须竖向错缝 1/2 板长，局部最小错缝不得小于 200 mm。

②总包单位指定某一基面处理完成的楼层作为样板层交与外保温单位进行样板层施工。挤塑板的粘贴应从细部节点（如飘窗、阳台、挑檐）及阴阳角部位开始向中间进行。施工时要求在建筑物外墙所有阴阳角部位沿全高挂通线控制其顺直度（注：保温施工时控制阴阳角的顺直度而非垂直度），并要求事先用墨斗弹好底边水平线及 100 mm 控制线，以确保水平铺贴，在区段内的铺贴由下向上进行。

③粘贴挤塑板时，板缝应挤紧，相邻板应齐平，施工时控制板间缝隙不得大于 2 mm，板间高差不得大于 1.5 mm。当板间缝隙大于 2 mm 时，须用挤塑板条将缝塞满，板条不得用砂浆或胶结剂黏结。板间平整度高差大于 1.5 mm 的部位应在施工面层前用木锉、粗砂纸或砂轮打磨平整。

④按照事先定好的尺寸（附图 2.2）切割挤塑板（用电热丝切割器），从拐

角处垂直错缝连接,要求拐角处沿建筑物全高顺直、完整。

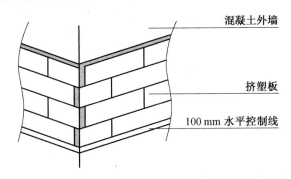

混凝土外墙

挤塑板

100 mm 水平控制线

附图 2.2　外墙挤塑板排列示意图

⑤用抹子在每块挤塑板周边涂 50 mm 宽专用聚合物黏结砂浆,要求从边缘向中间逐渐加厚,最厚处达 10 mm。注意在挤塑板的下侧留设 50 m 宽的槽口,以利于贴板时将封闭在板与墙体间的空气溢出,然后再在挤塑板上抹 8 个厚 10 mm、直径为 100 mm 的圆形聚合物黏结砂浆灰饼,如附图 2.3 所示。

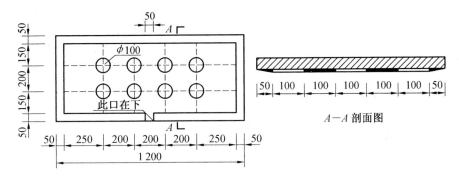

$A-A$ 剖面图

附图 2.3　挤塑板点框黏结示意图

⑥用条点法涂好聚合物砂浆的挤塑板必须立即粘贴在墙面上,速度要快,以防止黏结砂浆表面结皮而失去黏结作用。当采用条点法涂抹聚合物黏结砂浆时,粘贴时不允许采用使板左右、上下错动的方式调整预粘贴板与已贴板间的平整度,而应采用橡胶锤敲击调整,目的是防止由于挤塑板左右错动而导致聚合物黏结砂浆溢进板与板间的缝隙内。

⑦挤塑板按照上述要求贴墙后,用 2 m 靠尺反复压平,保证其平整度及黏结牢固,板与板间要挤紧,不得有缝,板缝间不得有黏结砂浆,否则该部位则形

成冷桥。每贴完一块,要及时清除板四周挤出的聚合物砂浆。若因挤塑板切割不直形成缝隙,要用木锉锉直后再张贴。

⑧挤塑板与基层黏结砂浆在铺贴压实后,砂浆的覆盖面积约占板面的30%～50%。具体要求:20层及以下黏结面积率不小于30%,20层以上为不小于50%,以保证挤塑板与墙体黏结牢固。

⑨网格布翻包:从拐角处开始粘贴大块挤塑板后,遇到阳台、窗洞口、挑檐等部位需进行耐碱玻璃纤维网格布翻包,即在基层墙体上用聚合物黏结砂浆预贴网格布,翻包部分在基层上黏结宽度不小于80 mm,且翻包网格布本身不得出现搭接(目的是避免面层大面施工时在此部位出现3层网格布搭接,导致面层施工后露网),如附图2.4所示。

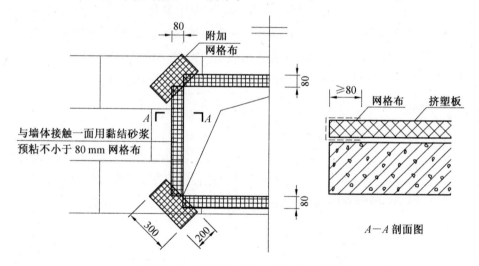

附图2.4　门窗洞口附加网络布示意图

⑩在门窗洞口部位的挤塑板,不允许用碎板拼凑,须用整幅板切割,其切割边缘必须顺直、平整、尺寸方正,其他接缝距洞口四边应大于200 mm,如附图2.5所示。

(6)安装固定件

①挤塑板黏结牢固后,应在8～24 h内安装固定件。按照方案要求的位置用冲击钻钻孔,要求钻孔深度进入基层墙体内50 mm(有抹灰层时,不包括抹灰层厚度)。

②固定件布置按照附图2.6要求放置(横向位置居中,竖向位置均分),

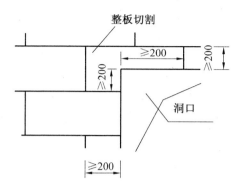

附图 2.5　挤塑板洞口处切割及焊缝距离要求

任何面积大于 0.1 m² 的单块板必须加固定件,且每块板添加数量不小于 4 个。

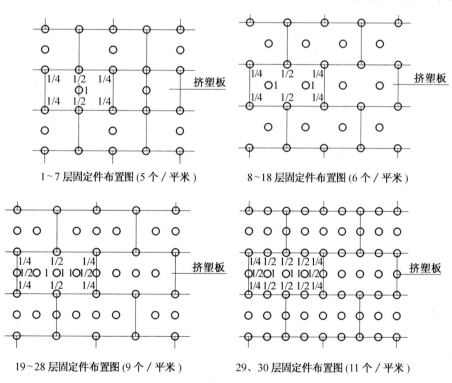

附图 2.6　各层固定件布置

③操作时,自攻螺栓必须拧紧,使用根部带切割刀片的冲击钻,切割刀片的大小、切入深度与钉帽相一致,将工程塑料膨胀钉的钉帽比挤塑板边表面略拧紧一些,如此才可保证挤塑板表面平整,利于面层施工,同时可确保膨胀钉尾部膨胀部分因受力回拧膨胀使之与基体充分挤紧。

④固定件加密:阳角、孔洞边缘及窗四周在水平、垂直方向 2 m 范围内须加密,间距不大于 300 mm ,距基层边缘为 60 mm,如附图 2.7 所示。

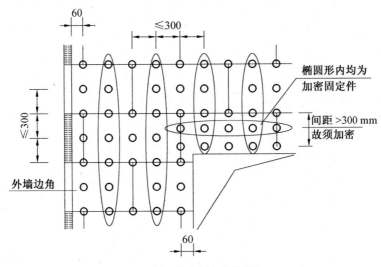

（1~7 层，其他层参照此图）

附图 2.7 墙角、洞口处固定件示意图

（7）打底

挤塑板接缝处表面不平时,需用衬有木方的粗砂纸打底。其打磨要求为:呈圆周方向轻轻旋转,不允许沿着与挤塑板接缝平行方向打磨,打磨后用刷子清除挤塑板表面的泡沫碎屑。

（8）滴水槽

①在所有外窗洞口侧壁的上口用墨斗弹出滴水槽位置,并依据钢副框进行校核。

②按照弹好的墨线在挤塑板上安好定位靠尺,使用开槽机将挤塑板切成凹槽,成品滴水槽尺寸为 10 mm×10 mm。考虑到面层砂浆厚度为 5 ~ 7 mm ,为保证凹槽内塞入成品滴水槽后,成品滴水槽与面层砂浆高度一致,故凹槽尺

寸为 8 mm×13 mm,差值尺寸是为黏结砂浆预留空间。成品滴水槽塑料条是在抹面层砂浆时粘贴。

（9）设置伸缩缝

①本工程要求分格条每 6 层设置一道,即在 6 层、12 层、18 层、24 层的大墙面设置,宽度 10 mm,飘窗及阳台处不设。其具体位置为分格缝的上口与该层飘窗窗台底面保温层的底面标高相同。

②施工时,预先用墨斗弹出伸缩缝位置线,并用水准仪或用注满水的塑料管进行校核伸缩缝的水平度。

（10）涂刷专用界面剂

①挤塑板张贴及胀钉施工完毕经总包、监理验收合格后,在胀钉帽及周圈 50 mm 范围内用毛刷均匀地涂刷一遍专用界面剂。待界面剂晾干后,用面层聚合物砂浆对钉帽部位进行找平。要求塑料胀钉钉帽位置用聚合物砂浆找平后的表面与大面挤塑板平整。

②待塑料胀钉钉帽位置聚合物砂浆干燥后,用辊子在挤塑板板面均匀地涂一遍专用界面剂。

（11）抹第一遍面层聚合物抗裂砂浆

①在确定挤塑板表面界面剂晾干后进行第一遍面层聚合物砂浆施工。用抹子将聚合物砂浆均匀地抹在挤塑板上,厚度控制在 1~2 mm,不得漏抹。

②第一遍面层聚合物砂浆在滴水槽凹槽处抹至滴水槽槽口边即可,槽内暂不抹聚合物砂浆。

③伸缩缝内挤塑板端部及窗口挤塑板通槽侧壁位置要抹聚合物砂浆,以粘贴翻包网格布。

（12）埋贴网格布

①所谓埋贴网格布就是用抹子由中间开始水平预先抹出一段距离,然后向上向下将网格布抹平,使其紧贴底层聚合物砂浆。

②门窗洞口内侧周边及洞口四角均加一层网格布进行加强,洞口四周网格布尺寸为 300 mm×200 mm,大墙面粘贴的网格布搭接在门窗口周边的加强网格布之上,一同埋贴在底层聚合物砂浆内。

③将大面网格布沿长度、水平方向绷直绷平。注意将网格布弯曲的一面朝里放置,开始大面积地埋贴,网格布左右搭接宽度为 100 mm,上下搭接宽度

为 80 mm,不得使网格布褶皱、空鼓、翘边。要求砂浆饱满度 100%,严禁出现干搭接。

　　④在伸缩缝处,需进行网格布翻包,网格布预黏在墙面上的尺寸为 80 mm,用网格布和黏结砂浆将挤塑板端头包住,此处允许挤塑板端边处抹黏结砂浆,大墙面粘贴的网格布盖在搭接的 80 mm 网格布之上,一同埋贴在底层聚合物抗裂砂浆上,如附图 2.8 所示。

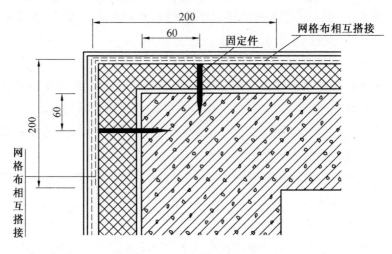

附图 2.8　伸缩缝做法示意图

　　⑤在墙身阴、阳角处必须从两边墙身埋贴的网格布双向绕角且相互搭接,各面搭接宽度不小于 200 mm,如附图 2.9 所示。

　　(13)抹面层聚合物抗裂砂浆

　　①抹完底层聚合物砂浆并压入网格布后,待砂浆凝固至表面基本干燥、不黏手时,开始抹面层聚合物砂浆,抹面厚度以盖住网格布且不出现网格布痕迹为准,同时控制面层聚合物抗裂砂浆总厚度为 3 ~ 5 mm。

　　②滴水槽做法:先将网格布压入槽内,随即在槽内抹足够的聚合物砂浆,然后将塑料成品滴水槽压入挤塑板槽内。塑料成品滴水槽塞入深度应综合考虑施工结束后面层高度,这样才能保证成品滴水槽与面层聚合物抗裂砂浆高度一致,确保观感质量。挤塑板槽内砂浆必须填塞密实并确保安装滴水槽时槽内聚合物黏结砂浆沿槽均匀溢出。滴水槽凹槽处,须沿凹槽将网格布埋入底层聚合物砂浆内,若网格布在此处断开,必须搭接,搭接宽度不小于 65 mm。

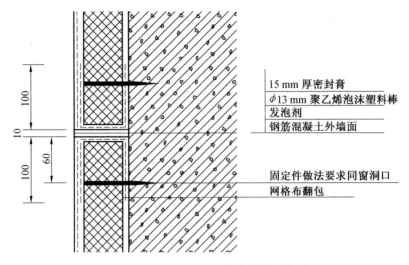

15 mm 厚密封膏
Φ13 mm 聚乙烯泡沫塑料棒
发泡剂
钢筋混凝土外墙面

固定件做法要求同窗洞口
网格布翻包

附图2.9　阴、阳角处网格布搭接示意图

滴水槽凹槽处须附加一层网格布,网格布搭接80 mm。

　　③所有阳角部位,面层聚合物抗裂砂浆均应做成尖角,不得做成圆弧。

　　④面层砂浆施工应选择施工时及施工后24 h没有雨的天气进行,避免雨水冲刷造成返工。

　　⑤在预留孔洞位置处,网格布将断开,此处面层砂浆的留槎位置应考虑后补网格布与原大面网格布搭接长度要求而预留一定长度。面层聚合物抗裂砂浆应留成直槎,砂浆具体留槎位置如附图2.10所示。

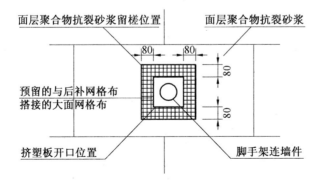

面层聚合物抗裂砂浆留槎位置　　面层聚合物抗裂砂浆
预留的与后补网格布搭接的大面网格布
挤塑板开口位置　　　　脚手架连墙件

附图2.10　预留洞口处面层砂浆留槎示意图

（14）细部及特殊部位做法

①用掺 10% UEA 的 1∶1 干硬性水泥砂浆将脚手眼填塞紧密，表面抹平。

②按照预留孔洞尺寸裁截一块尺寸相同的挤塑板并打磨其边缘部分，使其能严密封填于孔洞处。

③将上述预裁好的挤塑板背面涂上黏结砂浆，将其镶入孔内。

④涂抹底层聚合物抗裂砂浆，切一块网格布（其面积大小应能与周边已施工好的网格布搭接 80 mm），埋入网格布，并涂抹面层聚合物抗裂砂浆与周边平整。

参考文献

[1] 毛津淑,常津,陈贻瑞,等.酚醛泡沫塑料综述[J].化学工业与工程,1998,15(3):38-43.

[2] 刘钢,王新民,钱金广.酚醛泡沫塑料的生产与应用[J].墙材革新与建筑节能,2001,(2):36-37.

[3] 王军晓,刘新民,潘炯玺.酚醛泡沫塑料研究进展[J].现代塑料加工应用,2004,16(5):54-56.

[4] 吴舜英,马小明,徐晓,等.泡沫塑料成型机理研究[J].材料科学与工程,1998,16(3):30-33.

[5] 马保国,刘军.建筑功能材料[M].武汉:武汉理工大学出版社,2004.

[6] 王勇,王向东,李莹.挤塑聚苯乙烯泡沫塑料(XPS)的主要性能及应用领域分析[J].中国塑料,2011,25(8):75-80.

[7] 韩喜林,唐志勇.节能建筑保温材料·设计·施工常见问题解答[M].北京:中国建筑工业出版社,2014.

[8] 韩喜林.聚氨酯硬泡节能建筑保温系统应用技术[M].北京:中国建材工业出版社,2010.

[9] 韩喜林,盛忠章.酚醛泡沫塑料建筑保温系统应用技术[M].北京:中国建筑工业出版社,2011.